# 쇼핑호스트
# 어떻게
# 되었을까
# ?

꿈을 이룬 사람들의 생생한 직업 이야기 7편

쇼핑호스트 어떻게 되었을까?

1판 1쇄 찍음 2016년 11월 01일
1판 5쇄 펴냄 2023년 03월 31일

펴낸곳 ㈜캠퍼스멘토
저자 김나영
책임 편집 이동준 · 북커북
진행 · 윤문 북커북
연구 · 기획 오승훈 · 이사라 · 박민아 · 국희진 · 윤혜원 · ㈜모야컴퍼니
디자인 ㈜엔투디
마케팅 윤영재 · 이동준 · 신숙진 · 김지수 · 김수아 · 김연정 · 박제형 · 박예슬
교육운영 문태준 · 이동훈 · 박홍수 · 조용근 · 황예인 · 정훈모
관리 김동욱 · 지재우 · 임철규 · 최영혜 · 이석기
발행인 안광배

주소 서울시 서초구 강남대로 557 (잠원동, 성한빌딩) 9층 (주)캠퍼스멘토
출판등록 제 2012-000207
구입문의 (02) 333-5966
팩스 (02) 3785-0901
홈페이지 http://www.campusmentor.org

ISBN 978-89-97826-11-7 (43590)



· 인터뷰 및 저자 참여 문의 : 이동준 dj@camtor.co.kr

# 쇼핑호스트 어떻게

# 되었을까?

# “ 도움을 주신 쇼핑호스트들을 소개합니다 ”

## 권미란 쇼핑호스트
GS홈쇼핑

- 현) GS 홈쇼핑 뷰티 부문 쇼핑호스트
- CJ오쇼핑 공채1기 쇼핑호스트
- TBC 대구 방송 MC
- 극동방송 구성 작가
- 성신여대 뷰티융합대학원 화장품학 전공

## 박창우 쇼핑호스트
홈앤쇼핑

- 현) 홈앤쇼핑 쇼핑호스트
- NS홈쇼핑 쇼핑호스트
- 충북대학교 국제경영학과 졸업

## 유형석 쇼핑호스트
롯데홈쇼핑

- 현) 롯데홈쇼핑 쇼핑호스트
- CJ오쇼핑 쇼핑호스트
- NS홈쇼핑 쇼핑호스트
- 인하대학교 언론정보학과 졸업

**이도현** 쇼핑호스트
CJ오쇼핑

- 현) CJ오쇼핑 쇼핑호스트
- 롯데홈쇼핑 쇼핑호스트
- 홈쇼핑 미용전문게스트
- 아시아나항공 국제선 승무원
- 세종대학교 무용과 졸업

**정선혜** 쇼핑호스트
현대홈쇼핑

- 현) 서울종합예술실용학교 방송 MC 쇼핑호스트 전공 겸임 교수, 기업 강연 전문 강사
- 현대홈쇼핑 1기 쇼핑호스트
- 1992년 미스코리아 선발대회 경남 미
- 중앙대학교 대학원 의류학 전공

**최유석** 쇼핑호스트
신세계 T-커머스

- 현) 신세계쇼핑(T-commerce) 쇼핑호스트
- K쇼핑(T-commerce) 쇼핑호스트
- 현대홈쇼핑 쇼핑호스트
- 한국경제TV, RTV, 고뉴스TV 아나운서
- SK, STX, 풀무원 사내 방송 아나운서
- 숭실대학교 정치외교학과 졸업

이 책의 구성

Chapter 2

# 쇼핑호스트의 생생 경험담

Chapter 3

# 쇼핑호스트, 소비자의 마음을 읽다

# 쇼핑호스트,

# 어떻게 되었을까?

# 쇼핑호스트란?

## 쇼핑호스트는

상품 판매 방송을 진행하면서 시청자에게 상품의 기능, 특성 등을 설명하고 상품의 판매를 촉진하는 자이다.

쇼핑호스트(Shopping Host)는 케이블 TV, 웹 방송 등 다양한 쇼핑 채널에서 시청자들의 제품에 대한 관심을 유도하고, 제품에 대해 소비자들이 궁금해하는 사항을 설명하여 구매를 유도하는 일을 한다. 이들은 크게 홈쇼핑 채널과 전속 계약을 맺고 일하는 경우와 프리랜서로서 프로그램에 따라 일하는 경우, 두 부류로 나뉜다.

· 출처: 워크넷. 한국직업정보시스템

# 쇼핑호스트의 업무

- 방송 프로듀서(방송 연출가) 및 상품 기획자와 협의하여 방송에서 소개할 판매 상품의 정보를 숙지한다.
- 원활한 방송 진행을 위해 방송 시작 전에 판매 상품에 대한 시장 조사를 하고, 제품의 특성을 충분히 파악한다.
- 방송에 함께 출연하기도 하는 기업체 담당자와 진행 상황을 연습한다.
- 상품 판매를 목적으로 방송을 진행한다. 방송 중에는 시연 등을 통해 상품의 기능을 확인하고 상품의 특성을 알려준다.
- 직접 시음하거나 상품을 사용하면서 소비자가 상품을 구매하도록 촉진한다.
- 매출 현황, 주문 내역 등을 모니터하여 시청자에게 전달한다.
- 방송 후 사후 회의를 통해 성패 요인 등을 분석하고 매출량을 확인하여 다음 방송 시 참고한다.

## 잠깐, 쇼핑호스트 or 쇼호스트, 뭐가 달라?

쇼핑호스트(Shopping Host)와 쇼호스트(Show Host)는 둘 다 현재 사용되고 있는 명칭으로, 크게 봤을 때 같은 의미로 사용되고 있으나 어떤 명칭을 사용하느냐에 따라 방송 활동 범위나 진행자들의 스타일에 조금씩 차이가 있다.

쇼핑호스트라는 직업이 우리나라에 처음 생겼을 때, 국내의 초기 두 홈쇼핑 방송사는 이에 대해 서로 다른 호칭을 사용했다. '안내하다, 제시하다' 등의 뜻을 가진 'show'라는 단어의 의미와 홈쇼핑 방송 자체를 하나의 쇼(show)로 바라볼 경우, '쇼호스트(Show Host)'가 어울린다는 의견과 홈쇼핑 진행자는 판매하는 상품의 품질이나 특징을 설명하는 사람이라는 점에서 '쇼핑호스트(Shopping Host)'가 보다 정확한 표현이라는 의견이 있었다. 이러한 의미 및 회사의 이념 차이에 따라 국내 7개사 TV 홈쇼핑 방송사 중 2곳(NS홈쇼핑, GS홈쇼핑)은 쇼핑호스트, 나머지 5곳(현대홈쇼핑, 롯데홈쇼핑, CJ오쇼핑, 홈앤쇼핑, 아임쇼핑)은 쇼호스트라는 명칭을 사용하고 있다.

한편, 두 명칭의 본고장인 미국에서는 홈쇼핑 진행자를 주로 쇼호스트라 부르고 있고, 우리나라 공식 직업 명칭에는 쇼핑호스트로 등재되어 있다.

# 쇼핑호스트의 자격 요건

## 어떤 특성을 가진 사람들에게 적합할까?

- 쇼핑호스트는 정확한 언어 구사력과 긴 시간 동안 사람들의 관심을 집중시킬 수 있는 화술이 필요하다.
- 다양한 분야에 대한 상식과 시장 동향, 개인의 소비 심리에 대한 지식을 갖추어야 한다.
- 순간적인 위기에 대처할 수 있는 능력과 순발력이 요구되고, 정보를 재미있게 전달할 수 있는 재치가 있어야 한다.
- 예술형과 탐구형의 흥미를 가진 사람에게 적합하며, 적응성, 스트레스 감내, 협조심 등의 성격을 가진 사람들에게 유리하다.

· 출처: 한국직업능력개발원 직업 사전

## 쇼핑호스트와 관련된 특성

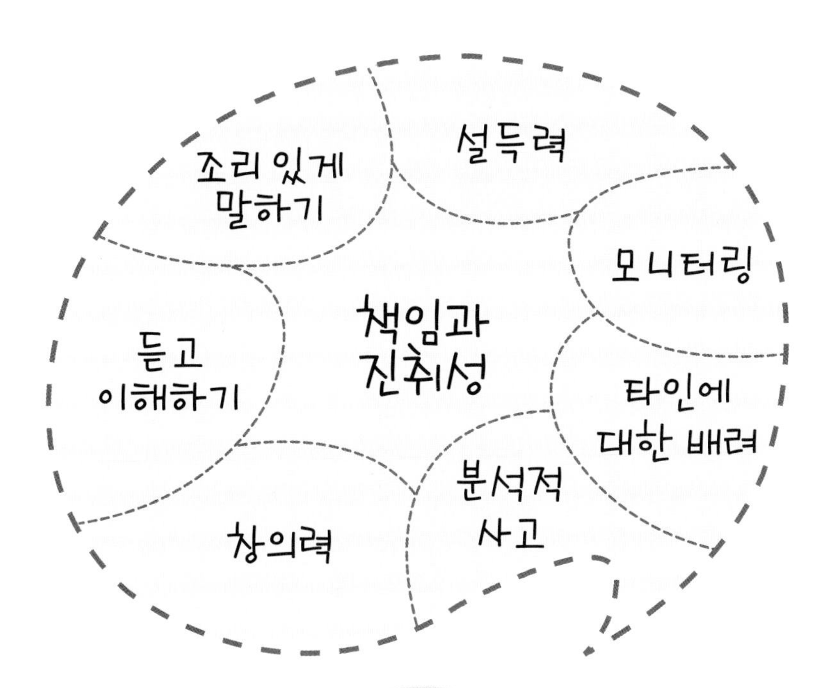

톡(Talk)!
정선혜

## 세일즈 마인드가 있어야 해요.

우선 쇼핑호스트는 상품에 대한 철저한 사전 조사뿐만 아니라 시장 동향과 개인의 소비 심리에 대해 연구하며 방송을 어떻게 진행할지에 대해 구상하는 하는 세일즈 마인드가 있어야 해요. 또, 방송을 통해서 상품에 대한 정보를 제공하고 소비자들이 상품을 구매하도록 유도하는 데 도움이 되는 세련된 방송 매너가 있어야 합니다. 쇼핑호스트가 상품을 어떤 모습으로, 어떻게 설명하느냐에 따라 상품의 가치가 달라지기도 하거든요.

톡(Talk)!
권미란

## 순발력이 중요합니다.

홈쇼핑 방송은 짜여진 극본대로 이루어지지 않아요. 그래서 쇼핑호스트 아카데미에서도 순발력을 키우는 수업이 많이 이루어진답니다. 저는 어렸을 때부터 평소에 다양한 글을 많이 썼기 때문에 내공이 생긴 것 같아요.

톡(Talk)!
이도현

## 두려움을 이겨내고 경험해보세요.

경험이 쌓이는 만큼 두려움은 없어지는 것 같아요. 저도 어떤 과제를 받았을 때 덜컥 겁을 내면서 피하는 것보다 '일단 해 보지 뭐, 처음부터 잘할 수 있나? 한 번 경험이 쌓이면 두 번째는 더 잘할 수 있겠지' 라고 생각하며 도전했죠. 지금도 늘 고민해요. '난 언제쯤 선배들처럼 안정감 있게 방송을 할 수 있을까?'하고요.

톡(Talk)!
박창우

## 공감 능력이 뛰어나야 해요.

얼토당토않은 말이 아니라 우리가 일상생활에서 충분히 똑같이 겪을만한 것들을 이야기할 때 고객들이 고개를 끄덕이는 거죠. '다른 사람들은 어떻게 살고 있을까?'하고 남들의 생활을 보고 싶어 하는 욕망과 욕구를 쇼핑호스트가 어느 정도 들려주고 있지 않나 싶어요.

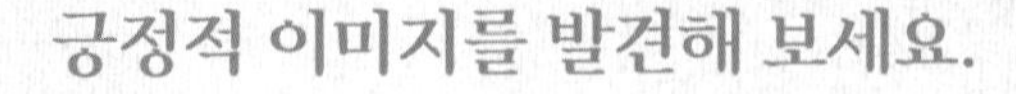

## 긍정적 이미지를 발견해 보세요.

사람들 앞에 설 수 있는 사람은 좋은 이미지와 에너지가 필요해요. 활력을 불어넣어 줄 수 있고, 믿음을 줄 수 있어야 하거든요. 그래서 긍정적이고, 밝고, 신뢰할 수 있는 이미지들을 갖추는 게 제일 중요한 것 같아요.

톡(Talk)!
유형석

## 다양한 관점에서 보는 시각이 필요합니다.

어떤 것이라도 다양한 관점에서 바라보고 생각할 수 있는 능력도 필요합니다. 매사 모든 것을 스쳐 지나가는 것이 아니라 하나, 하나를 짚어내며 볼 수 있어야 해요. 홍대같이 사람이 많은 곳을 지나 갈 때도 사람들의 스타일 등을 관찰해보는 연습을 해보면 어떨까요?

내가 생각하는 쇼핑호스트의
자격 요건을 적어 보세요!

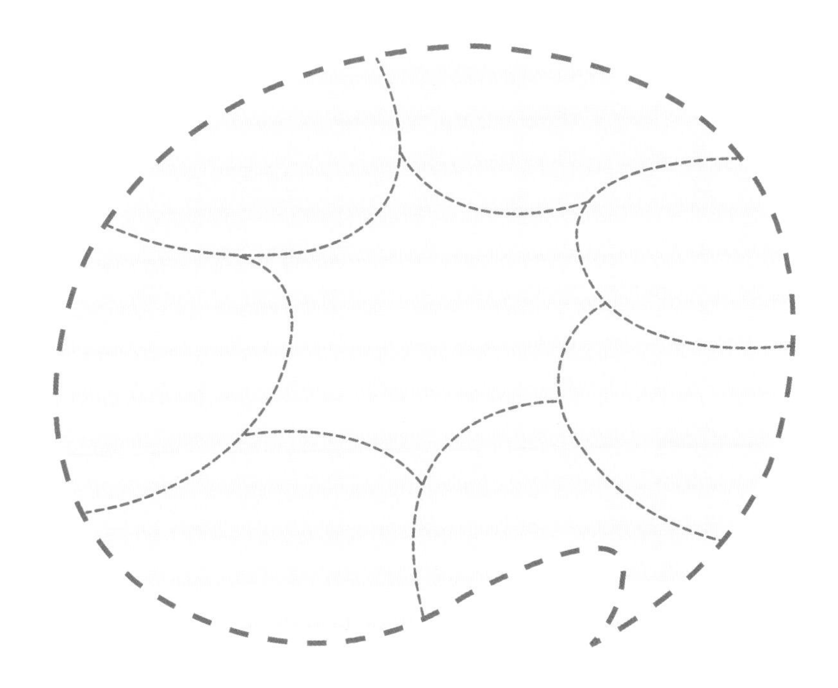

# 쇼핑호스트가 되는 과정

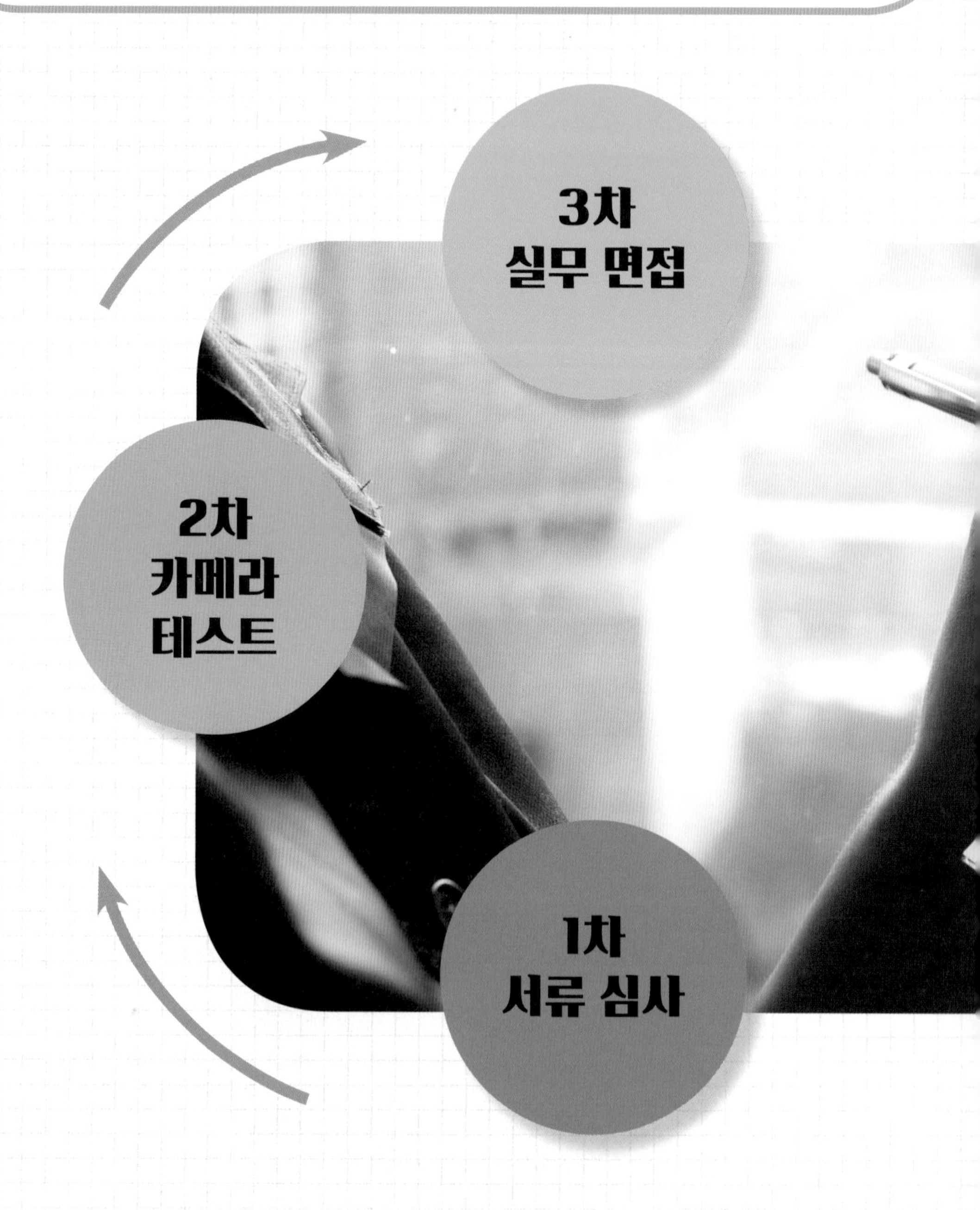

쇼핑호스트 모집 전형은 방송사별로 다르고, 매년 조금씩 차이가 있다.
전형 과정은 일반적으로 서류 심사, 카메라 테스트, 실무 면접, 임원 면접, 인턴 단계를 거치며 추가로 인·적성 검사와 신체검사를 실시하기도 한다.

# 서류 심사

- 일부 홈쇼핑사는 4년제 대학 졸업자를 대상으로 하나, 일부는 학벌 타파로 2년제 이상 혹은 대학 졸업 여부를 따지지 않기도 한다.
- 지원 서류는 일반적으로 기본 인적 사항을 포함하여 지원 동기, 직무 경험 및 성과, 의지 및 각오, 자신의 강점과 약점, 기타 이력(경험 및 사회 활동) 등의 내용이 포함된다.
- 서류와 더불어 전신, 상반신, 자유 사진으로 구성된 프로필 사진을 제출한다.
프로필 사진만으로 신뢰감 있고 긍정적인 이미지를 전달해야 하므로 매우 중요하다. 더욱 정확한 이미지, 목소리, 언어 습관 등을 알기 위한 자기소개 영상을 제출하기도 한다.

쇼핑호스트에 대한 관심과 인기가 나날이 증가하면서 지원자도 많아지고 있습니다. 때문에 높은 경쟁률을 뚫고 서류심사에 통과하기 위해서는 심사위원들의 마음을 움직이고, 기억에 남을 수 있는 임팩트 있는 서류가 유리할 거예요. 글이기 때문에 올바른 단어와 맞춤법을 사용하여 작성해야 하는 것은 물론이고, 단순히 글을 잘 쓰는 것을 넘어 자신만의 고유한 이야기가 잘 녹아 있으면 좋겠죠?

또한, 1년 혹은 2년 이상의 방송 경력자를 뽑는 경우도 많기 때문에 이를 잘 확인해서 지원해야 하고, 홈쇼핑회사뿐만 아니라 모든 방송 관련 분야의 경험을 쌓는다면 서류심사뿐 아니라 면접, 인턴과정에서 모두 도움이 될 것입니다.

쇼핑호스트 모집 공채는 회사마다 다르고 뽑는 시기도 정해져 있는 것이 아니기 때문에 생활 속 습관들을 점검하고, 틈틈이 지원하고자 하는 회사 홈페이지를 살펴보는 노력이 필요해요.

# 2 카메라 테스트

■ 일반적으로 카메라 테스트는 1차 카메라 테스트와 2차 카메라 테스트(실무면접)로 나뉘어 2회에 걸쳐 진행된다.

■ 1차 카메라 테스트에서 지원자는 카메라와 조명이 세팅된 상태에서 심사 위원들 앞에서 사설 낭독을 하거나 간단한 자기소개를 하며, 경우에 따라 미리 준비해온 상품에 대해 소개(프레젠테이션)하기도 한다. 심사 위원들은 모니터를 보며 발음, 발성, 표정, 인상 등을 채점한다.

■ 카메라 테스트를 통해 지원자의 순발력, 방송인으로서의 끼와 자질 등을 보다 명확하게 파악하게 된다.

카메라 테스트는 중요한 순서 중 하나입니다. 카메라 테스트에 대한 팁은 네 가지 정도를 이야기해 드릴 수 있겠는데요.

첫 번째로, 평소 자기관리를 통해 나쁜 습관을 미리 고치는 것이 중요합니다. 내가 가지고 있던 행동이나 눈빛, 말의 습관은 하루아침에 바뀌기 힘들고, 꼭 나타나게 되더라고요. 두 번째는 거울이나 카메라 앞에서 말하는 연습을 해보세요. 거울을 통해 보거나, 카메라로 녹화해서 보면 어떻게 시선을 처리해야 할지, 내가 잘하고 있는지 좀 더 객관적으로 볼 수 있게 된답니다. 세 번째는 여유와 자신감을 가져야 해요. 조급하거나 자신 없는 모습보다 당당한 모습이 훨씬 더 보기 좋겠죠? 네 번째는 깔끔하고 단정한 헤어스타일과 메이크업, 밝고 호감 가는 인상을 줄 수 있는 의상을 준비하는 것입니다. 방송을 통해 언제나 멋진 모습을 보여줘야 하니까요!

# 실무 면접 및 임원 면접

- 실무 면접은 2차 카메라 테스트라고도 할 수 있다. 지원자는 카메라 앞에서 직접 홈쇼핑 방송을 진행하듯이 상품에 대한 소개를 하고, 면접관은 이를 통해 업무 능력 등을 평가한다.
- 임원 면접은 지원자에 대해 좀 더 면밀히 알고자 하는 질문이 많으므로, 자신이 제출한 이력서와 자기소개서를 보며 모든 내용에 질문하고 답변하는 연습을 하는 것이 중요하다.
- 면접 전후로 인성검사를 실시하기도 한다. 인성 검사는 적성 검사와 유사하며, 성격이나 적성 등 자신의 특징을 잘 표현하면 된다. 중요한 점은 자신의 솔직한 생각을 드러내되 상황과 행동, 생각에 일관성을 가지는 것이다.

실무 면접에서는 말 그대로 실제 업무를 얼마나 잘 수행할 수 있는지를 알아보고자 합니다. 원하는 상품으로 프레젠테이션을 준비해오라고 하는 경우가 있고, 짧은 시간 동안 얼마나 상품의 특징을 잘 잡아내고 설명할 수 있는지 테스트하기 위해 면접 당일 무작위로 상품을 선정하기도 해요. 이 경우 약간의 연습시간만을 주고 바로 면접관 앞에서 상품을 소개하기 때문에 평소 홈쇼핑 방송을 유심히 보고 연습해보는 것도 큰 도움이 될 수 있습니다.

임원 면접 때는 순발력과 애드리브를 보기 위한 압박 면접이 진행되기도 합니다. 당황하지 않고 자신감 있는 태도로 성실하게 응한다면 좋은 결과가 있을 거예요.

# 4 인턴

■ 1~3차 단계에 합격하면 임원 면접, 인턴 평가 등으로 최종 평가를 받게 된다.

■ 인턴 평가는 3~6개월의 기간 동안 홈쇼핑사에서 인턴으로 근무하면서 다양한 직무 교육 및 현장 경험을 쌓는다. 이때 업무 능력, 문제 해결 능력 등을 평가하게 된다.

■ 인턴 기간이 끝나면 회사의 임원들 앞에서 최종면접을 보는데, 최종에 모인 지원자들은 다들 뛰어난 인재들이므로 그중에서 자신을 차별화한 자기소개가 중요하며, 정중한 자세와 태도를 유지하는 것이 좋다. 자신에게 불리한 질문을 받았다면 솔직한 인정과 반성, 변화의 의지를 담아 답변하는 것이 좋다.

**쇼핑호스트 톡(Talk)!**

인턴 과정은 크게 '교육과정+실습과정'으로 이루어져요. 교육 과정은 기업의 이념이나 핵심 가치를 이해하고 서비스 교육, 인성교육 등을 받게 되는데 쇼핑호스트 외에도 MD나 PD 등 타 직군의 합격자들과 함께하기도 해요. 실습할 땐 홈쇼핑 생방송 현장이 어떻게 운영되는지 직접 경험해보는데, 선배 쇼핑호스트와 함께 투입되어 방송을 진행해보면서 많이 배울 수 있는 기간이고 그만큼 성장하는 시간이에요. 힘들지만 결과가 좋으면 그만큼 보람도 정말 커요. 그렇게 인턴 기간이 끝나고 나면 최종 면접 후 며칠의 떨리는 휴식 기간을 가진답니다.

# 쇼핑호스트란 직업의 좋은 점·힘든 점

톡(Talk)! 권미란

| 좋은 점 |

## 트렌드를 먼저 경험할 수 있어요.

다른 사람들보다 상품의 패턴이나 트렌드를 먼저 경험할 수 있죠. 10대, 20대의 어린 친구들은 모를 수 있겠지만 서른이 넘어서 아이가 태어나면, 그 아이에게 어떤 책이 좋은지 방송을 하면서 자연스레 알게 되요. 이 나이 땐 이렇게 해주면 좋겠고, 이 상품이 좋겠다는 현명한 정보를  좀 더 빠르게 캐치할 수 있다는 게 좋은 점인 것 같아요.

톡(Talk)! 박창우

| 좋은 점 |

## 다양한 분야로 커리어 패스를 쌓을 수 있어요.

쇼핑호스트를 하면서 여러 분야로 나아갈 수 있는 것도 장점이라고 생각해요. 하나의 고정된 직업이 아니라 쇼핑호스트로서 어느 정도 기반을 잡으면 교육으로 나갈 수도 있고, 연기를 같이할 수도 있고, 상품에 대해 많이 아니까 사업도 할 수 있고, 다양한 길이 열려있어요. 한마디로 종합예술이죠.

톡(Talk)!
유형석

| 좋은 점 |

## 일상과 밀접하게 관련되어 더욱 매력적이에요.

우리가 생활 속에서 사용하거나 먹거나, 입는 상품을 방송하다 보니까 이 자체로도 재밌죠. 생활과 관련된 모든 것들을 멘트로 구성하는 것도 흥미롭고요. 패션 같은 경우는, 집에서 TV를 보더라도 연예인들이 입고 나오는 옷을 관심 있게 보게 돼서 드라마를 보는 게 동시에 공부가 되는 거예요. 일상과 밀접한 관련이 있다는 게 상당히 큰 매력인 것 같아요.

톡(Talk)!
이도현

| 좋은 점 |

## 스스로 계속 발전하며, 젊게 살 수 있어요.

카메라 앞에 서야 하기 때문에 피부 상태, 의상뿐만 아니라 메이크업, 헤어스타일, 헤어컬러까지 외모에 신경을 많이 쓰죠. 또, 많은 사람과 어울려 일을 하니까 업무와 관련된 정보나 정치, 문화, 사회에 두루 관심을 가지게 돼요. 그러니 개인의 발전에 도움이 되고, 젊게 살 수 있는 것 같아요.

톡(Talk)!
정선혜

| 좋은 점 |

**연륜이 쌓일수록 빛이 나는 직업이에요.**

나이가 들고, 점점 더 연륜이 쌓일수록 빛이 나는 직업인 건 분명해요. 그래서 저는 쇼핑호스트가 되고 싶다는 어린 친구들에게 대학을 졸업하자마자 하려고 하지 말고 20대 초엔 쇼핑호스트와 연관된 다른 직업을 가져 보고 20대 후반에 도전해도 늦지 않다고 이야기합니다.

톡(Talk)!
최유석

| 좋은 점 |

**성취감을 직접적으로 느낄 수 있어요.**

일의 결과가 확실한데 그에 따른 성취감도 굉장히 직접적인 편이에요. 조직에서 어떤 일을 했을 때 이것이 나 때문에 성공한 것인지, 회사가 잘 된 것인지 불명확하잖아요. 쇼핑호스트는 자기가 열심히 한 만큼 실시간으로 방송에 대한 결과를 기대할 수 있고, 또 그런 결과를 만들었을 때 보상이나 반응도 더 확실한 편이에요.

톡(Talk)!
권미란

| 힘든 점 |

## 즉각적인 결과에 대한 스트레스가 커요.

한 시간 동안 어떤 퍼포먼스를 했는데 80점이야, 50점이야, 120점이야 라는 결과가 한 시간 내에 나오기 때문에 심리적으로 굉장히 스트레스를 많이 받아요. 그 심리적인 스트레스는 내가 60점 받고 끝난다면 상관이 없는데 이 상품과 방송을 준비해서 수억 원을 투자한 협력업체의 분들을 생각하면 그분들의 손실은 너무나 크잖아요. 그러니까 죄송한 마음이 드는 거죠. 일이 끝났을 때의 허탈감이 큰 직업이기도 해요.

톡(Talk)!
박창우

| 힘든 점 |

## 주어진 자율성에 스스로 책임져야 해요.

능동적인 대신 스스로 책임을 져야 하니 스트레스를 받는 것이 단점이라면 단점이죠. 매일  자율적으로 준비한다는 게 쉽지만은 않아서 게으름에 빠질 수도 있는 부분이고요. 그래서 자기 스스로 나태하지 않기 위해서는 자극을 많이 받아야 합니다. 쇼핑호스트는 공부를 계속해야 돼요. 매너리즘에 빠지지 않기 위해서도 많은 노력을 해야 합니다.

톡(Talk)! 유형석

| 힘든 점 |

## 체력관리를 꼭 해야 합니다.

중간중간 시간이 많이 남는 경우도 있어서 굉장히 편한 직업이라고 생각할 수 있는데 만성 피로에 걸리기 쉽습니다. 규칙적인 생활을 하지 못하거든요. 체력관리와 건강관리를 잘 하지 않으면 금방 망가질 수 있는 직업이에요.

톡(Talk)! 이도현

| 힘든 점 |

## 뒤처지면 안 된다는 강박 관념이 생길 만큼 경쟁이 치열해요.

제가 오늘 휴대폰 방송을 진행했는데 앞서 진행한 쇼핑호스트의 매출이 예상치보다 낮아 제가 캐스팅되었죠. 제가 진행해서 매출이 더 잘 나오면 앞으로도 제가 그 상품을 진행할 수도 있고, 제가 잘해도 MD나 PD, 협력 업체 측에서 진행자를 바꾸자고 요구하면 다른 사람이 그 상품을 진행할 수도 있어요.

톡(Talk)!
정선혜

| 힘든 점 |

## 근무 시간이 들쭉날쭉 일정하지 않다는 거예요.

이른 아침에 방송하는 날은 새벽 3시에 출근하기도 하고, 마지막 시간에 방송하는 날은 새벽 2시에 끝날 때도 있어 공부를 하거나 집안 행사 등의 정해진 일에 시간을 내기가 어렵고, 무엇보다 체력 소모가 심해 건강이 쉽게 나빠져요.

톡(Talk)!
최유석

| 힘든 점 |

## 때론 책임감으로 어깨가 무겁습니다.

더 많이 준비하지 못하고, 더 잘하지 못한 것에 대한 자책. 그런 책임감 자체가 무겁다는 것들이 좀 힘든 부분이죠. 하지만 책임감을 가지고 매 방송에 임할 수 있기 때문에 스스로 더 노력하고 발전할 수 있는 부분이겠죠?

# 쇼핑호스트가 되기 위한 교육 과정

■ 쇼핑호스트가 되기 위한 전공의 제한은 없으며, 대부분이 전문대학이나 4년제 대학 졸업자이다. 신문방송학과나 언론홍보학과 등의 방송 관련 학과에서 커뮤니케이션에 대한 이해와 미디어 활용 및 실무 능력을 교육받거나 국어국문학과에서 바르고 정확한 단어 및 문법을 사용하는 데 필요한 지식을 함양할 수 있다.

■ 직업 훈련으로는 사설 교육 기관이나 언론사의 방송 아카데미 등에서 훈련을 받을 수 있다. 쇼핑호스트 전문 아카데미는 쇼핑호스트 양성반과 전문반 등으로 구성되어 있는데, 교육 기간은 각각 3~6개월 정도이다.

■ 쇼핑호스트 양성반의 경우 발성, 발음, 화술 기초와 실제, 스피치 훈련, 방송 진행 이론 및 실습, 즉흥 화법, PT(프레젠테이션) 기초 등을 배우고 실무 위주로 교육이 이루어진다. 전문반의 경우 상담 및 카메라 테스트를 거쳐 합격해야 수강할 수 있으며, PT(프레젠테이션) 클리닉, 즉석 PT(프레젠테이션), 세일즈 실습 등의 교육으로 구성되어 있어 쇼핑호스트가 되는 데 필요한 이론과 실기를 배우게 된다.

■ 관련 자격증으로 국가공인자격증은 없지만, 방송하는 상품에 따라 그 상품을 다루거나 설명하는 데 도움이 되는 자격증이 있으면 상품에 대한 전문성을 높일 수 있다.

# 쇼핑호스트 종사 현황

## 성별 및 평균 연령

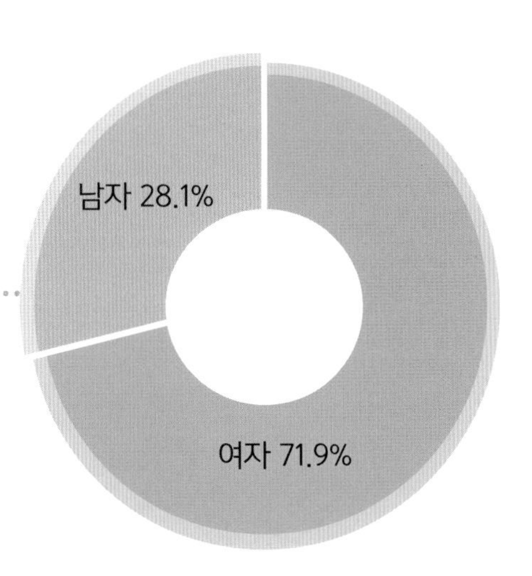


평균 연령 27.4세

* 성별 비율 및 평균연령은 쇼핑호스트가 포함된 아나운서 및 리포터 직군 기준임

## 학력 분포

## 임금 수준(단위: 만 원)

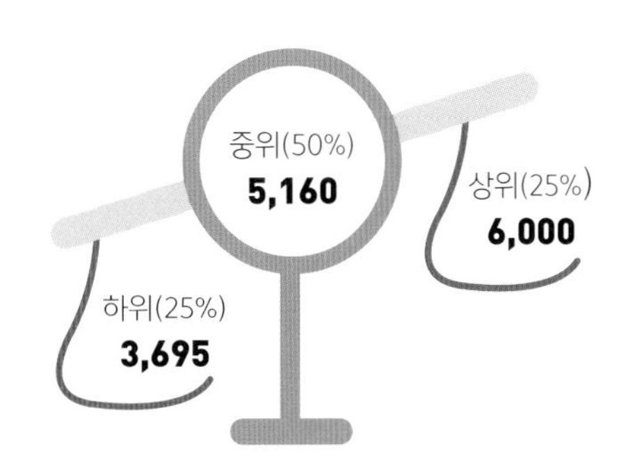


출처: 한국직업정보 재직자 조사

# 쇼핑호스트의

## 생생 경험담

## 미리 보는 쇼핑호스트들의 커리어 패스

**권미란** 성신여자대학교 뷰티융합대학원 화장품학 전공 > 극동방송 구성 작가 >

**유형석** 인하대학교 언론정보학과 졸업 > NS홈쇼핑 쇼핑호스트 >

**박창우** 충북대학교 국제경영학과 졸업 > NS홈쇼핑 쇼핑호스트 >

**이도현** 세종대학교 무용과 졸업 > 아시아나항공 국제선 승무원 >

**정선혜** 중앙대학교 대학원 의류학 전공 > 1992년 미스코리아 경남 미 >

**최유석** 숭실대학교 정치외교학과 졸업 > SK, STX, 풀무원 사내 방송 아나운서 > 한국경제TV, RTV, 고뉴스TV 아나운서

TBC 대구 방송 MC  CJ오쇼핑 공채 1기 쇼핑호스트  현) GS 홈쇼핑 뷰티 부문 쇼핑호스트

CJ오쇼핑 쇼핑호스트  현) 롯데홈쇼핑 쇼핑호스트

현) 홈앤쇼핑 쇼핑호스트

홈쇼핑 미용전문게스트  롯데홈쇼핑 쇼핑호스트  현) CJ오쇼핑 쇼핑호스트

현대홈쇼핑 1기 쇼핑호스트

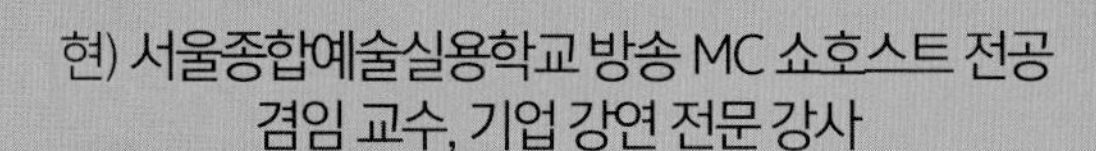


현대홈쇼핑 쇼핑호스트  K쇼핑(T-commerce) 쇼핑호스트 현) 신세계쇼핑 (T-commerce) 쇼핑호스트

초등학교 4학년 때부터 시인을 꿈꾸던 아이는 학습지를 푸는 것보다 200자 원고지를 펼쳐 놓고 습작하는 것을 더 좋아했다. 밀린 일기를 한꺼번에 쓰면서도 지루하지 않았고, 자율 학습 시간에 원고지에 끄적인 글귀들을 음미하는 것만으로도 위로를 받을 정도로 글쓰기를 좋아했다.

그러던 중 여고 시절 문학 선교에 대한 비전을 꿈꾸게 되면서 대학 시절 극동방송에서 구성 작가로 재능 기부를 하던 중 우연히 마이크를 잡게 되었다. 마이크를 통해 전해지는 자신의 목소리가 한없이 낯설고 부끄러웠지만, MC로서 방송계에 입문하는 계기가 되었고, 다양한 방송 분야를 경험하며 지금의 쇼핑호스트에 이르게 되었다.

16년의 세월이 지난 지금 〈더 뷰티〉 프로그램의 진행을 비롯하여 홈쇼핑 뷰티 업계에서는 꽤 알려진 뷰티 전문 쇼핑호스트로 활동하고 있으며, 더 나은 뷰티 전문가로 성장하기 위해 여전히 열정을 가지고 꿈이 많은 사람으로 살아가고 있다.

---


GS홈쇼핑 쇼핑호스트

## 권미란

- **현) GS 홈쇼핑 뷰티 부문 쇼핑호스트**
- **CJ오쇼핑 공채1기 쇼핑호스트**
- **TBC 대구 방송 MC**
- **극동방송 구성 작가**
- **성신여대 뷰티융합대학원 화장품학 전공**
- **저서 <맨 얼굴로 방송하는 여자>**

# 쇼핑호스트의 스케줄

**권미란**
GS홈쇼핑
쇼핑호스트의
**하루**

01:00
▸ 취침

08:00~09:00
▸ 아침 식사 준비
09:00~10:00
▸ 예배
10:00~11:00
▸ 아침 식사

11:00~12:00
▸ 메이크업, 헤어,
의상 체크 등 출근 준비
12:00~13:00
▸ 출근

13:00~15:00
▸ 방송 전 준비 및 리허설
15:00~16:00
▸ 방송 진행
16:00~17:00
▸ 업무 정리

17:00~19:00
▸ 퇴근 및 저녁 식사
19:00~22:00
▸ 가족, 아이와의 시간

22:00~01:00
▸ 다음 방송 준비

# 글쓰는것을 좋아하던 어린소녀

▶ 7살 때 못난이 인형을 들고 집 앞에서 찍은 사진

▶ 유치원 소풍 기념, 수원 팔달산에서 엄마가 찍어주신 사진

▶ 초등학교 1학년 명절, 강아지와 함께

## Question 학창 시절에는 어떤 학생이었나요?

글 쓰는 걸 좋아해서 초등학생 때부터 글짓기 대회 출전이나 문예부 활동들을 꾸준히 했어요. 중학생 때도 글을 써서 상을 받는 일이 많았고, 고등학생 때도 '무명초'라고 하는 문예 동아리에서 활동하며 학교의 문집을 낼 때 글쓰기와 편집 일을 도맡아 했고, 교내 시화전이나 축제를 할 때 시화를 전시하는 행사도 진행했어요.

시 · 도에서 사생 대회가 열리면 선생님께서 동아리에 가입된 저를 포함한 몇몇 아이들을 추천해서 데리고 나가셨기 때문에 늘 원고지를 200장, 400장씩 갖고 다닐 정도였어요. 자율 학습 시간에 친구들은 공부에 전념할 때도 저는 수필이나 시를 썼어요. 그래서 당시에 저는 크면 자연스럽게 작가가 되거나 국어 선생님이 될 거라고 생각했는데, 어쩌다 보니 방송 일을 하고 있네요. 하하

## Question 부모님이 원하신 직업은 무엇이었나요?

저는 당연히 글을 쓰는 직업을 가지게 될 줄 알았어요. 부모님께서도 처음엔 문예창작과에 진학한 후 등단하여 작가가 되길 바라셨는데, 그 분야에서 잘되면 소위 말하는 스타작가가 될 수도 있지만, 그렇지 않으면 경제적으로나 정신적으로도 힘든 일이라서 나중엔 국어 교사가 되길 원하셨어요. 부모님이나 제 뜻대로 인생이 살아지는 건 아니더라고요. 쇼핑호스트 일은 저도, 부모님도 생각지 못한 일이었어요.

## Question 처음 어떻게 방송을 시작하게 되었나요?

제가 글 쓰는 것에 대한 소질과 흥미가 있다 보니 대학 다니면서 방송 작가 공부도 했어요. 그러다 기회가 돼서 기독교 선교 방송인 극동방송에서 무료 봉사 활동으로 꼭지물이나 오프닝을 쓰는, 요즘 표현으로 하면 재능 기부를 했죠. 그러던 어느 날 "너 마이크를 한번 잡아보는 거 어떻겠니?"라고 담당 PD와 여러 선생님들이 제안을 하셨어요. 그래서 일주일에 한 번씩 녹음 방송을 했죠. 글도 쓰고, 녹음도 하고, 편집 일도 했는데 너무 재미있더라고요. 그래서 '이쪽으로 나가면 어떨까?' 생각하게 됐고, 그런 과정을 통해서 문학선교 같은 선교사에 대한 비전도 가졌어요. 그건 지금도 제가 언젠가는 할 거라고 생각하는 부분이에요.

## Question 대학 진학 시 부모님의 반응은 어땠나요?

대학에서 종교학, 철학, 신학을 아우르는 학문인 기독교학을 전공했어요. 전공을 선택한 저에게 당시 아버지는 저에 대한 모든 기대를 접겠다고 말씀하셨어요. 아버지의 종교가 기독교가 아니어서 기독교학을 공부한다는 것 자체를 받아들이지 못하셨고, 아버지가 보시기에는 글 쓰는 게 저의 최고의 재능인데 그걸 썩히는 것 때문에 더더욱 인정하지 못하겠다고 하셨어요. 아버지는 문예창작과나 국어 교육과, 국문학과에 진학하는 게 아니면 저의 미래는 매우 부정적일 거라고 이야기하셨고, 기독교학을 전공하면 사회 나가서 무슨 직업을 갖겠냐며 글을 쓰는 것보다도 더 먹고살기 힘들 거라고 걱정하셨죠. 그런 면에서 대학을 진학할 때 부모님의 속을 많이 썩였네요.

하지만 지금은 제가 일하는 데 있어서 누구보다 큰 후원자세요. 쇼핑호스트 16년 차인데도 여전히 아버지는 외출을 하지 않는 이상은 방송을 횟수별로 다 챙겨 보시면서 "오늘은 많이 판매되었니? 그 상품은 인기 많을 것 같은데, 어때?"하며 식구 중에서 유일하게 관심 갖고 모니터링해 주세요.

## Question 친구들이나 가족과의 관계는 어땠나요?

저는 친구들하고 어울려 노는 걸 그리 좋아하진 않았어요. 제가 대학 다닐 때 해외연수나 배낭여행 가는 게 한창 붐이기도 했는데, 갑자기 저희 때부터 취업이 어려워지면서 빨리 취업하는 게 시급했어요. 그래서 방학 때도 친구들과 항상 도서관에서 모여 쳐주지도 않는 자격증일지라도 하나라도 더 따고, 뭐라도 해 보겠다고 늘 공부했지, 놀았던 기억은 거의 없어요. 1, 2학년 때는 가끔씩 락카페에 가기도 했지만, 3학년부터는 취업 준비하느라 놀았던 기억, 여행 갔던 기억이 없어요. 하지만 친구들과의 관계에서 큰 어려움은 없던 것 같아요.

제가 딸 넷 중에 막내예요. 그래서인지 언니들이 아주 무서웠어요. 제가 활달한 성격이거나 흥청망청 노는 스타일이 아닌데도, 언니들은 항상 혼자 있다고 흐트러지는 모습을 보이면 안 된다고 강조했어요. 그래서 언니가 아닌 엄마 같았죠. 실제로 엄마가 편찮으셔서 큰언니가 저를 업어서 키워 주기도 했고요.

## Question 멘토가 있나요?

제 삶의 멘토는 아버지예요. 저희 아버지는 어린 시절 가세가 기울면서 어려운 환경에서 성장하셨어요. 장손이셨고 아래로 동생들도 많았어요. 동생들을 다 먹여 살리고 홀어머니까지 모셔야 하는 어려운 상황에서 교육의 기회도 크게 누리지 못했는데, 굉장히 열심히 사셨던 것 같아요. 아버지가 1938년생이신데, 그 당시엔 대학에 진학하기도 쉽지않았고 고등학교까지만 나와도 굉장히 엘리트였다고 해요. 그 어려운 환경에서도 고등학교 시절에는 늘 1~2등 하실 만큼 공부도 잘하셨는데, 가정 형편상 대학 진학을 포기하고 농협에 입사하셔서 34년을 근무하셨어요. 그 당시엔 '평생직장'이라는 개념이 일반적이었고, 본인이 열심히 하면 승진의 기회도 있었다지만, 저는 평생 직업이라는 개념이 없고 젊은 나이에도 명예퇴직을 당하는 지금의 시대에서 직장생활을 하고 있죠. 그래서 더욱이 많이 배우지 못한 우리 아버지가 한 직장에서 오랫동안 인정받고 승진하면서 딸 넷을 혼자 키우셨다는 것, 그리고 동생들 시집, 장가를 다 보냈다는 것, 퇴직 후에도 자녀들에게 경제적으로 손 벌리지 않으실 정도로 노후 준비를 잘하신 것을 보면서 아버지의 삶 자체가 제겐 교과서라고 생각했어요.

# 나의선택은 틀리지 않았다고

▶ 뷰티관련 녹화영상 촬영장면

▶ 마스크팩방송에서 시트에 들어있는 에센스를 설명하며 시트지를 꺼내는 장면

▶ 비타민앰플 론칭방송 준비하며 찍은 사진. 이날 매진되고 기사가 났어요!

Question

## 대학 졸업 후 진로에 대한 고민이 있었나요?

기독교학과는 비인기 학과 특성상 졸업 후 진로를 찾기가 어려웠어요. 대부분의 졸업생들은 신학대학원에 진학해서 교회의 목사나 전도사가 되거나, 교직 과정을 이수하여 학교의 교목이 되는 것이 대부분이거든요. 저는 취업 준비를 하다가 4학년 2학기 때 친구들보다 일찍 일반 무역 회사의 비서실에 취업이 됐어요. 극동방송에서 재능 기부로 작가 일을 할 때 방송국과 연이 닿아 그곳에 취업했으면 좋았을 텐데, 그런 기미가 보이지 않아 입사 지원한 다른 회사의 비서실로 입사가 결정되면서 졸업식도 참석 못 했어요. 연봉도 꽤 높았고 그 당시에는 큰 회사의 비서라는 직업에 대해 기대감이 되게 컸어요. 그렇게 우연히 취업이 돼서 모든 걸 다 접고 입사를 했는데 제 성격상 그 일이 쉽지 않더라고요.

## 첫 회사생활은 어땠나요?

사회 경험이 없던 어린 나이에 남자들이 많은 무역 회사에 입사해서 여자 비서로 근무한다는 게 쉽지 않았어요. 3개월 정도 다녔는데, 그동안 몸도 아프고 힘들어서 견디다 못해 퇴사했어요. 아버지의 반대를 무릅쓰고 기독교학을 공부했기 때문에 남들이 좋다고 하는 회사에 비서로 입사하여 아버지의 걱정을 보란 듯이 날리고 싶었어요. 그런데 그걸 3개월 만에 포기하고 이대로 주저앉으면 아버지가 “그것 봐라, 내 말이 맞지 않냐. 네가 원하던 비인기 학과 나와서 백수가 되지 않았느냐.”라고 생각하실까 두려웠어요.

그렇지만 그 시간은 내가 하고 싶은 걸 해야겠다는 생각을 하게 된 계기가 됐어요. ‘내가 정말 하고 싶은 직업을 찾아야 하는구나. 돈 많이 벌고 남들 눈에 괜찮아 보이는 멋진 직업이라 할지라도 나와 맞지 않으면 소용이 없구나.’라는 걸 그때 배웠죠.

## Question 첫 번째 퇴사를 한 후에 어떤 일을 했나요?

첫 번째 직업은 실패했지만, 두 번째는 내가 잘할 수 있는 직업을 찾아서 아버지께 내 선택이 틀리지 않았다는 걸 보여드리겠다는 각오가 굉장히 컸어요. 그 때문에 간절한 마음으로 진로를 찾다 보니 방송 아카데미를 알게 됐어요.

입사 3개월 만에 상처만 안고 퇴사한 후에 제가 정말 좋아하는 글쓰기와 방송 일을 해 보려고 목동에 위치한 CBS 방송 아카데미에 들어갔어요. 아카데미가 6개월 과정이었는데 3개월 정도 지났을 때, 대구의 한 방송국에서 공채 소식이 있더라고요. 그래서 원서를 냈는데 합격이 돼서 아카데미 과정을 다 수료하지 못하고 대구로 내려가 방송을 시작하게 됐어요. 그때 리포터, 교통 정보 안내, MC 등 다양한 방송 경험을 쌓을 수 있었어요.

## Question 방송아카데미에서는 무엇을 배웠나요?

지금은 쇼핑호스트 전문 아카데미가 여러 개 있는데, 제가 다니던 때에는 쇼핑호스트라는 직군 자체가 많지 않아서 일반 방송 아카데미에서 교육을 진행했어요. 분야는 아나운서 과정, 방송 진행자 과정, MC 과정 이렇게 나뉘었고, 당시 저는 아나운서를 준비하기에 늦은 나이여서 방송 진행자 과정을 들어갔어요. 그때 발음, 발성부터 시작해서 흔하게 실수하는 우리말 사용, 방송 용어, 비방 용어 등의 기초부터 방송 진행할 때의 팁이나 라디오 DJ, 57분 교통 정보, 취재, 현장 리포터 등 방송에 관련된 전반적인 것들까지 배우게 되었지요.

## 쇼핑호스트 아카데미에서는 어떤 수업을 하나요?

쇼핑호스트 아카데미에 가면 이론적으로는 홈쇼핑의 역사, 예를 들어 최초의 방송은 어떤 상품이었고 최초의 매출은 얼마였는지, 몇 년도에 홈쇼핑 회사가 5개사로 확장이 됐고, 몇조 억 원의 매출을 기록했는지 등의 스토리 적인 이론을 배워요. 방송으로는 짜여진 극본대로 이루어지는 게 아니니까 순발력을 키우는 수업이 많이 이루어져요.

방송 아카데미의 아나운서 과정이 발음, 발성, 교정, 전달, 이런 것들이라면 쇼핑호스트 아카데미는 순발력, 스토리텔링, 판매하는 것, 셀링 포인트 잡는 것 등을 중심으로 수업이 이루어지죠.

Question

## 쇼핑호스트 아카데미는 몇 개 정도 있나요?

쇼핑호스트 아카데미는 선발 주자 브랜드가 1~2개 있고, 나머지 4~5개 정도가 더 있습니다. 교육 특성상 쇼핑호스트 전문 아카데미도 있고, 스피치 학원과 병행하는 아카데미나, 아나운서를 포함해 방송 전 분야를 병행하는 아카데미도 있어요.

Question

## 대구의 방송국에서 일하다가 어떻게 쇼핑호스트로 입사하셨나요?

대구에 내려가서 한 달 지난 다음에 IMF 구제 금융 사태가 터졌어요. 월급이 88만 원에서 43만 원으로 깎이게 됐죠. 도저히 집세, 세금은 물론이고 취재하러 다닐 때 타고 다니던 티코 중고차 유지비도 감당이 안됐어요. 집에서는 그만두고 올라오라고 했는데 거기서 그만두면 저는 두 번째 실패잖아요. 스물다섯, 여섯이라는 나이에 두 번째 실패를 한다는 것 자체가 스스로 용납이 안 돼서 그래도 해보겠다고 4~5년 머물렀거든요. 그 시기 동안 정말 많은 것을 배웠고, 방송 경험도 많이 쌓았어요.

그 후에 스물여덟 살이 되고 나서 50% 깎였던 월급은 원상복구됐는데, 나이가 차며 외로워지더라고요. 몇 년 안에 결혼도 할 텐데, 결혼하면 부모님과 계속 떨어져 살아야 하잖아요. 그런 것에 대한 공허함이 좀 많았어요. 부모님께서도 다 시집가고 막내딸 하나 남았는데 같이 살았으면 좋겠다고 하셨고요. 하지만 서울에 가서 아나운서를 할 수 있는 것도 아니었고, 제가 방송 분야에서 더 성장할 가능성이 없었어요. 그래서 대안을 찾다 보니 홈쇼핑이라는 게 있더라고요.

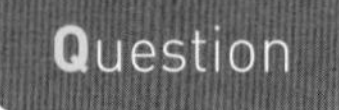


## 당시 홈쇼핑은 어땠나요?

그 때가 2001년도에 2개의 채널에서 5개의 채널로 홈쇼핑이 확장되면서 많은 사람을 채용하는 시기였어요. 반면 쇼핑호스트 붐이 일었던 시절은 아니어서 아카데미도 없었고, 방송 경험이 있어 카메라 울렁증도 없고, 멘트도 할 수 있으면서 다양하게 알려지지 않은 얼굴이 필요했던 거죠. 저는 지방에서 일했으니 서울에서는 얼굴도 모르고, 방송 일로 작가, 리포터, 교통정보, MC, 편집 등등 여러 일을 다 해봐서 경험도 풍부한 상태였어요. 사투리도 쓰지 않아 당장 방송에 투입되어도 문제없으니 채널 세 군데에 이력서를 넣었는데 세 군데 다 합격이더라고요. 그래서 서울로 올라오게 되었어요.

## Question 익숙한 곳을 떠나는 것이 어렵진 않으셨어요?

당시의 저는 대구에서 4~5년 동안 지내서 자리가 잡혀있는 상황이었어요. 어디를 가도 대구의 아나운서, MC로 인정받던 우리 지방의 스타였죠. 그냥 그 지역에서 터전을 잡고 살 것 같은 상황이었는데, 무엇보다 부모님이 많이 생각이 났어요. 합격한 세 회사 중 집에서 가장 가깝고 기업의 마인드가 가장 통하는 곳이 CJ였어요. 그래서 CJ오쇼핑에 입사했습니다.

## Question 입사 선발 기준은 어떻게 되나요?

회사마다 다 달라요. 예를 들어 NS홈쇼핑 같은 채널은 식품, 건강 분야가 메인이기 때문에 좀 더 신뢰를 주는 얼굴이나 목소리를 가진 사람을 많이 원하는 등 채널마다 채용시 기준들이 있거든요. 요즘은 워낙 홈쇼핑 패션 시장이 커져서 디자이너 브랜드 상품이 많아요. 그래서 요즘 추세는 많은 채널에서 가급적 패션 상품 방송을 할 수 있을 만큼의 적정 비주얼이 되어있는 사람을 원하기도 해요.

내가 가고자 하는 채널이 주력하는 상품이 어떤 것인가를 파악하는 것이 필요해요. 예를 들면 아임쇼핑이나 홈앤쇼핑 같은 경우 패션보다는 생활용품이 강세라면, 주부거나 연령대가 높은 점이 플러스 요인일 수 있습니다. 젊고 트렌디하다면 CJ오쇼핑이나 GS홈쇼핑처럼 패션에 주력하는 곳을 알아보는 것이 좋아요.

지원하고자 하는 회사를 정해서 이력서를 내면 1차 선발 후, 카메라 테스트를 합니다. 카메라테스트가 1, 2차로 이루어진 후에 최종 임원 면접을 보게 되죠. 최종 합격이 되면 일정 기간 동안 연수와 멘토-멘티 과정을 거치게 돼요. 이후에 서브 쇼핑호스트로 본격적인 활동을 하게 됩니다.

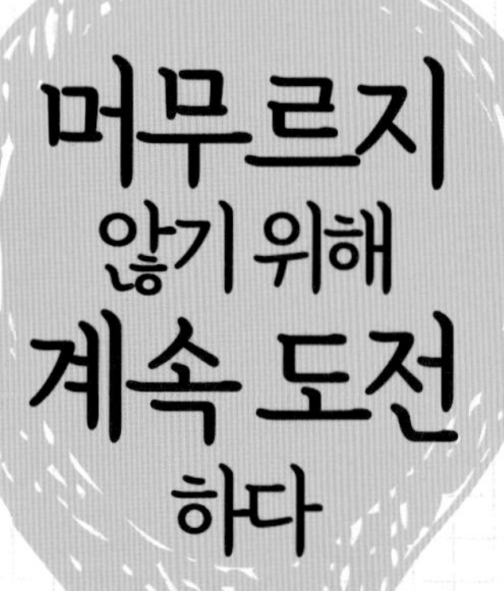

▶ 프로필 사진

▶ 샴푸방송에서 제품을 들고 각 제품의 향에 관해 설명 중

▶ 프로필 사진

## Question 쇼핑호스트의 장점과 단점은 무엇인가요?

현장에서 바로바로 제가 한 것에 대한 평가가 이루어지잖아요. 어떤 설명을 잘했을 때 고객들이 인정하거나 공감하면 콜로 연결이 되니까요. 고객들과의 교감이 증명될 때 너무 기뻐요.

반면에 한 시간 동안 어떤 퍼포먼스를 했는데 80점이야, 50점이야, 120점이야 라는 결과가 한 시간 내에 나오기 때문에 심리적으로 스트레스를 많이 받아요. 그 심리적인 스트레스는 내가 60점 받고 끝난다면 상관이 없는데 이 상품과 방송을 준비해서 수억 원을 투자한 협력업체의 분들을 생각하면 그분들의 손실은 너무나 크잖아요. 그러니까 죄송한 마음이 드는 거죠. 일이 끝났을 때 허탈감이 큰 직업이기도 해요. 어렸을 땐 몰랐는데 나이가 들면서 가정과 아이가 생기니 깨닫게 되더라고요. 내 말 한마디에 기업 하나가 죽고 살 수 있구나라는 것을요.

## Question 한 상품을 여러 번 방송하기도 하나요?

홈쇼핑은 한번 백 점 받는다고 계속 백 점이 아니에요. 이 상품을 한 번 팔고 끝난다면 한 번으로 승부를 걸 수 있겠지만, 방송을 열 번, 스무 번씩 해야 합니다. 그래서 상품에 대한 정보와 장단점을 정직하게 어필하는 게 중요하죠. 솔직하고, 냉정하며, 이성적이어야 해요. 그러는 동시에 물건을 파는 직업이기 때문에 감정에 호소도 해야 하니, 하면 할수록 어려운 직업인 것 같아요.

## Question 이직을 하는 이유는 무엇인가요?

개인적인 이유에서 출발하는데, 저 같은 프리랜서들은 한 번도 이직을 하지 않으면 연봉이 오르는 데 조금 한계가 있어요. 한 직장에서 오래 있으면 인정을 받고, 영역을 확장하는 것에 있어 플러스 요인이 되지만 이직을 함으로써 남아 있는 사람들에게도 분위기 환기가 되고 연봉도 올릴 수 있게 돼요. 한 회사에서 12년 근무하면 회사에서 베테랑이란 소리는 들을 수 있지만, 조직의 문화와 패턴에 익숙해지다 보면 매너리즘에 빠지기 쉬워요. 새로운 무언가를 시도하기 어렵죠. 정점을 찍고 다시 하향세를 타면 그대로 묻혀버리거든요.

근데 어느 정도 위치에 올랐을 때 이직을 하게 되면, 다시 새로운 환경에서 방송을 하니까 오랜 시간 동안 틀에 박혀있던 방송 패턴이 깨져요. 그러면 스스로 점프업이 되는 거예요. 회사에서도 방송패턴의 변화가 일어날 수 있고, 나 자신에게도 전환점이 될 수 있는 거죠. 연봉도 오르고요. 이직을 시도 때도 없이 2~3년마다 하는 건 좋지 않지만 더는 새롭게 도전 할 것이 없다고 판단되는 시기에 이직을 해주는 건 필요한 것 같아요.

이직을 하고 나서는 바닥에서 다시 시작하는 듯한 느낌이었어요. 10년 이상 한 회사에 있다가 분위기가 바뀌니까 힘들었죠. 하루에 16시간씩 방송 모니터링을 했어요. 그 1년이 지나고 나니까 내가 업그레이드되더라고요.

## 쇼핑호스트를 꿈꾸는 청소년들에게 하고 싶은 이야기가 있나요?

여러분들이 쇼핑호스트가 되기 위해 정보를 찾다보면 아카데미를 수료하는 등 방법이 여러가지가 있을 거예요. 하지만 정해진 방법에 얽매이지 말고 다양한 경험을 많이 해보라고 말해주고 싶어요. 그 경험들이 쌓이면 쇼핑호스트를 하는 데 굉장히 도움이 돼요. 특히 방송과 연관된 일들을 해보는 것도 중요하죠. 예를 들면 독립영화의 스텝으로 조명을 드는 일이라 할지라도, 방송과 관련된 모든 것들의 기회가 오면 돈이 되건 안 되건 다 해보세요. 저도 쇼핑호스트 되기 이전에 MC, 리포터, 교통정보, 취재, 편집, 작가와 같은 여러 일을 다 해봤어요. 지금 생각해보면 경험이 하나하나 다 모여서 지금의 저라는 쇼핑호스트를 만든 계기가 된 것 같아요.

혹시 쇼핑호스트가 되고 싶은데 중간에 다른 직업을 가지고 다른 일을 하게 되어도, 먹고 사는 데만 만족하지 말고 내가 가진 꿈에 대해 항상 가능성을 열어뒀으면 좋겠어요. 자기가 하고 싶은 일 하는 게 가장 행복하니까요.

초등학교 때부터 발표하는 것을 좋아했고 그로 인해 학급 반장을 할 수 있었다. 어릴 적 여러 학원에 다녔지만, 오직 웅변 학원에만 흥미를 느꼈다. 그래서인지 어렸을 때부터 말하는 일을 직업으로 삼고 싶었다.

고등학교 때 학교 축제 사회를 본 이후 아나운서, MC의 꿈을 키웠고 대학 방송국에서 아나운서 활동을 하면서 그 꿈은 더욱 확고해졌다. 함께 아나운서 준비를 하던 동생의 권유로 쇼핑호스트 면접에 도전하여 NS홈쇼핑에 합격했고 식품, 레포츠, 보험 방송 진행 등을 비롯해 현재 홈앤쇼핑에서는 가전, 생활, 패션, 렌탈, 여행 등 거의 모든 상품군을 총망라하는 쇼핑호스트로 활동하고 있다.

또한, 쇼핑호스트의 꿈을 가진 청소년 및 대학생들과 SNS를 통해 소통하며 작게나마 고민 해결사 활동도 하고 있다. 앞으로는 스피치 강의와 홈쇼핑 활동을 통해 경험한 것을 토대로 판매 마케팅 기법을 정리해 강의하고자 하는 비전을 가지고 있다.

---

홈앤쇼핑 쇼핑호스트

## 박창우

- 현) 홈앤쇼핑 쇼핑호스트
- NS홈쇼핑 쇼핑호스트
- 충북대학교 국제경영학과 졸업

# 쇼핑호스트의 스케줄

**박창우**
홈앤쇼핑
쇼핑호스트의
**하루**

7:00~09:00
▸ 출근 준비 및 출근

09:00~11:00
▸ 분장 및 방송 직전 스텝 미팅

11:00~12:00
▸ 방송 대기 중 리허설 및 최종 점검

12:00~13:00
▸ 방송

14:00~15:00
▸ 방송 사후 미팅 및 방송 모니터링

15:00~17:00
▸ 다음 방송 사전 제작 회의

17:00~18:00
▸ 고객 게시판 및 스케줄 등 점검

18:00~21:00
▸ 저녁 식사 및 운동

21:00~23:00
▸ 개인 시간 및 경쟁사 모니터링

▶ 대학 방송국 활동

▶ 대학생 시절 친구들과

▶ 도서관에서

## Question 간단한 자기소개 부탁드립니다.

저는 2006년에 쇼핑호스트를 시작했어요. NS홈쇼핑으로 처음 입사를 했습니다. 그리고 2011년도에 홈&쇼핑으로 이직을 해서 지금까지 방송을 계속하고 있습니다. NS홈쇼핑에서는, 아무래도 식품 전문 홈쇼핑이기 때문 식품 방송과 보험 방송을 많이 했어요. 현재 홈앤쇼핑에서는 더 다양한 품목을 다루며 방송을 하고 있습니다. 텐트, 등산화, 등산복 등의 레포츠 상품 방송과 가전 상품 방송, 화장지, 클리너 등의 생활용품 방송, 렌탈 방송 등 안 해본 상품이 거의 없는 것 같아요. 여성 속옷이나 여성 화장품 빼고요. 하하.

## Question 학창 시절은 어땠나요?

초등학교 때는 반장을 많이 했어요. 솔선수범하고 인기가 좀 많았습니다. 하하. 초등학교, 중학교, 고등학교 때까지 키가 좀 큰 편이었고. 뭐랄까요, 골목대장처럼 친구들을 이끄는 리더 스타일이었어요.

1988년도에 초등학교 6학년이었는데, 그 당시 학생들이 웅변학원, 주산학원을 많이 다녔었거든요. 저도 발표하는 것을 좋아해서 웅변학원에 다니면서 교내 웅변 대회에 나가기도 하고, 학교별 대항전에 뽑히기도 했어요. 쇼핑호스트가 되고 나서 1년 동안 396개의 방송을 할 수 있었던 것도 목소리가 힘이 있고 잘 지치지 않기 때문인 것 같습니다. 지금 생각해보면 그게 어렸을 적 웅변을 해서 그런 게 아닐까 싶어요. 날달걀을 먹어가면서 되게 많이 연습했거든요. 몇십 장씩 되는 웅변 원고를 다 외워야 하니까 연습을 많이 할 수밖에 없었죠. 연습하다가 종종 목이 쉬기도 해서 어렸을 때부터 복식호흡을 배웠어요. 그때 습관이 된 덕분에 제가 아나운서 아카데미를 다닐 때도 선생님이 '넌 따로 연습을 안 해도 저절로 복식호흡이 되는구나.' 하고 말씀하셨어요.

어쨌든 돌아보면 발표를 좋아했고, 잘한다는 말도 많이 들었던 것 같아요. 그러면서 자연스럽게 말하는 직업을 꿈꾸게 되었습니다.

## Question 고등학교 때부터 방송에 관심이 많았나요?

네, 고등학생 때도 방송 일을 하고 싶었어요. 방송반은 들어가지 못했지만, 대신 학교 축제에서 사회를 봤죠. 고등학교 학생회에서 사회자를 뽑는 오디션에 제가 뽑혔어요. 축제 당일 하루를 위해서 연습을 엄청 하더라고요. 축제 행사 때 여러 가지 코너들이 있잖아요. 축제 한 달 전부터 공원에 가서 리허설 연습을 했어요. 공부는 잘 못 했지만, 사회를 잘 본다는 칭찬을 많이 들었습니다. 실제로 제가 잘한 것인지는 모르겠지만, 주위로부터 말을 잘한다는 칭찬을 많이 들으니까 더욱 말하는 직업을 가지고 방송 쪽으로 나가고 싶은 마음이 커졌죠. '아 나는 MC나 아나운서가 돼야겠구나' 란 생각은 무척 또렷했던 기억이 나요.

## Question 대학교 전공을 어떻게 선택하게 되었나요?

저는 국제경영학과를 전공했는데요. 제 뜻이 있어서 간 건 아니고, 아버지의 권유로 가게 되었습니다. 제가 흥미 있었던 과는 두 가지 과였어요. 국어국문학과와 역사학과. 세계사와 국사 같은 역사 과목을 되게 좋아했거든요. 어렸을 적 생각에 '국어국문과를 가야 말하는 직업과 관련이 있지 않을까?' 라고 어렴풋이 생각했던 것 같아요. 근데 아버지께서 방송 일은 크게 전공하고 상관이 없고, 만약에 경영을 전공하면 아나운서를 안 할지라도 일반 기업에 취업하기 더 좋으니까 더 좋지 않겠냐고 권유하셨어요. 아버지 말씀이 어떻게 보면 틀린 말씀은 아니었죠. 그래서 경영학과에 들어갔어요. 솔직하게 그 당시 이 과를 나와서 앞으로 뭐가 되어야겠다는 목표는 없었고, 아버지의 권유에 의해 그렇게 대학에 진학했어요.

바를 정자를
쓰며
끊임없이
연습하다

▶ 운동기구 방송. 땀 흘리며 힘들지만 화이팅!

▶ 홈앤쇼핑 방송



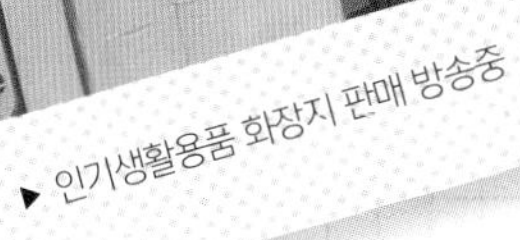

▶ 인기생활용품 화장지 판매 방송중

## Question 쇼핑호스트를 하게 된 계기는 무엇인가요?

처음부터 쇼핑호스트가 되려고 했던 건 아니에요. 원래는 아나운서가 되고 싶었지만 아나운서 시험에서 많이 떨어졌어요. 서울에 있는 KBS, MBC는 물론이고 지방도 많이 다녔는데 다 떨어졌어요. 시험은 계속 떨어지는데, 방송은 하고 싶고. 그러다 지인 소개로 구청 소식을 전하는 방송에서 아나운서를 하게 됐습니다. 후에 작은 케이블 방송에서도 아나운서를 했는데, 하다 보니 생각했던 것과 달리 큰 재미는 없더라고요. 제가 하고 싶은 건 역동적이고 사람들과 어우러지는 방송인데, 실제 제 역할은 작가가 써준 소식을 그저 외워서 전달하는 것이었어요. 그래서 '방송은 이제 재미없다, 시험에 다 떨어지기도 했으니 방송은 안 해야겠다.' 싶었죠.

그러다 우연히 여행사에 취업하게 되어 일하고 있는데 같이 MBC아카데미를 다니던 여자 동기한테 연락이 왔어요. 그 친구가 오빠는 쇼핑호스트를 하면 잘할 것 같다고 하더라고요. 그때는 쇼핑호스트라는 직업이 제게 굉장히 생소했어요. 관련 있는 공부를 해본적도 없고, 대충 뭔지는 알았지만 정확히 뭘 하는지 몰랐어요. 어떻게 공부를 하고, 뭘 준비를 해야 하는지 전혀 모르는 상태에서 원서나 한번 내보자 했는데 서류전형이 합격이 됐고, 카메라 테스트, 면접이 다 합격이 돼서 최종합격을 했습니다. 우연히 된 거죠. 같이 갔던 친구는 떨어지고요.

## Question 합격하게 된 비결은 뭘까요?

준비를 하나도 안 했는데 붙었던 이유가 뭘까 생각해보니, 물론 운도 좋았겠지만, 이전에 계속 준비하고 도전했던 아나운서 시험 덕분이었던 것 같아요. 정확하게 몇 번 봤는지는 모르겠지만 수십 번은 더 봤으니까요. 덕분에 내공이 쌓였는지 시험 보는데 떨리지 않는 거예요. 아나운서 면접시험에서 임기응변이 필요한 질문을 많이 받았는데, 그때의 경험을 통해 기술을 스스로 터득하게 되었어요. 나중에 저를 왜 뽑았는지 면접관에게 여쭤보니, "남자 쇼핑호스트 중에 너처럼 목소리가 좋은 사람이 없었다. 그래서 그 잠재력을 보고 뽑았다."고 말씀해주시더라고요.

## Question 합격 후에 어려웠던 점도 있었나요?

막상 입사하고 나서는 어려웠어요. 보통 쇼핑호스트 아카데미에서 준비한 후에 입사하는 경우가 많은데, 저는 그런 경험이 없었으니까요. 예를 들어 책을 판매할 때 이 책을 고객에게 어떻게 소개를 할 것인지에 대한 것들을 학원에서 연습을 합니다. 고객이 원하는 것은 무엇인지, 책의 가격을 소개할지, 내용을 소개할지, 책의 작가를 소개할지에 대해 쇼핑호스트의 머리에서 나와야 해요. 저는 이런 개념을 하나도 모르니 얼마나 힘들었겠어요. 아나운서는 원고가 다 나온 상태에서 리딩 연습을 주로 하고, 쇼핑호스트처럼 직접 내용을 구성하지는 않거든요. '아, 이 길이 또 나의 길이 아닌가? 너무 어려운데?' 생각했죠. 근데 벌써 주변 사람들과 부모님께 합격했다고 소식을 전한 후라, 부모님께서 드디어 아들이 TV에 나온다고 기대하며 좋아하시는데 그만두지 못하겠더라고요. 그래서 선배들을 쫓아다니면서 항상 질문을 했습니다. 연습도 굉장히 많이 하고요.

## Question 처음 쇼핑호스트가 된 후 어떻게 연습했나요?

혼자 연습실에 들어가서 상품 하나를 정해 원고를 작성했어요. 그 원고를 바른 정자를 써가면서 50번씩 읽었습니다. 처음부터 진심을 담지는 못해도, 50번 읽으니까 그게 진심이 되고 완전히 내 것이 되더라고요. 사람도 처음 봤을 때부터 마음을 다해 만나는 경우도 있지만, 별생각 없이 만나서 매일 보고 매일 얘기하다 보면 서로 진심이 통하게 되고, 남녀라면 사랑할 수도 있는 계기가 되는 거잖아요. 상품도 마찬가지 같아요. 처음엔 그저 수많은 상품 중 하나일 뿐이지만, 계속해서 연습하고 연구하다 보면 이 상품에 대해 굉장한 애정을 느끼게 돼요.

6개월 인턴과정 후에 이 진심을 담아서 시험을 보니까 합격해 정식사원이 됐습니다. 그런데도 쉽진 않았어요. 계속 힘들어 꾸준히 연습했죠. 특히 실전에서 카메라를 잘 못 보겠더라고요. 어디를 봐야 할지 몰라 당황하기도 했어요. 나를 촬영하는 카메라뿐만 아니라 프리뷰 모니터도 함께 볼 줄 알아야 해요. 그걸 함께 보지 못하면 방송을 할 수 없거든요. 집에 카메라를 빌려와서 혼자 연습을 많이 했습니다.

## Question 쇼핑호스트라는 직업의 장, 단점은 뭔가요?

장점은 굉장히 창의적이고 능동적인 직업이에요. 홈쇼핑의 생방송 1시간은 쇼핑호스트가 어떻게 하느냐에 따라 분위기가 굉장히 달라지거든요. 자기 능력에 따라 인정을 받을 수 있는 직업이죠. 능동적인 대신 스스로 책임을 져야 하니 스트레스를 받는 것이 단점이라면 단점이죠. 매일  자율적으로 준비한다는 게 쉽지만은 않아서 게으름에 빠질 수도 있는 부분고요. 그래서 자기 스스로 나태하지 않기 위해서는 자극을 많이 받아야 합니다. 자기관리에 신경을 많이 써야 해요. 외모도 신경 써야 하고, 다이어트도 해야 하죠. 항상 목 관리를 해야 하고요. 종합적으로 관리하며 자기계발도 해야 하고, 항상 트렌드에 대해서 항상 알고 있어야 해요. 쇼핑호스트는 공부를 계속 해야 합니다. 매너리즘에 빠지지 않기 위해서도 많은 노력을 해야하죠.

쇼핑호스트를 하면서 여러 분야로 나아갈 수 있는 것도 장점이라고 생각해요. 하나의 고정된 직업이 아니라 쇼핑호스트로서 어느 정도 기반을 잡으면 교육으로 나갈 수도 있는 거고, 연기를 같이 할수도 있고, 상품에 대해 많이 아니까 사업도 할 수 있고, 다양한 길이 열려있어요. 한 마디로 종합예술이죠.

그리고 처음부턴 아니지만 익숙해지면 비교적 남는 시간을 많이 활용할 수 있어요. 출퇴근 시간이 9시부터 6시까지 정해져 있지 않고,  방송시간에 맞춰서 회사에 오니까 다른 준비를 할 수도 있고요. 반면 시간이 불규칙한 것은 큰 단점인 것 같아요. 어제는 새벽 6시에 방송을 했다가 오늘은 새벽 1시에도 방송하기도 하고 굉장히 불규칙하거든요.

## Question 바쁜 순간도 참 많았을 것 같아요.

2012년도에는 한 해 동안 방송을 396개 정도 했습니다. 아마 최다 방송 기록을 세우지 않았을까 싶네요. 그때가 개국 초기여서 쇼핑호스트가 많지 않아서 하루에 4개씩 방송을 하기도 했어요. 방송이 갑자기 생기기도 하고, 당일 아침에 방송이 바뀌는 경우도 있었죠. 엘리베이터에서 그 날 아침에 상품 기술서(상품에 대한 설명이 적혀있는 서류)를 받고 바로 방송한 적도 있고, 동료 쇼핑호스트가 너무 피곤해서 쓰러져 퇴근하다가 돌아와 대신 방송한 적도 있네요. 갑작스럽게 다른 방송에 투입이 되기도 하면서 참 많은 방송을 했습니다. 체력적으로 굉장히 힘들었는데, 지금 생각해보면 그때 어떻게 해냈는지 정말 모르겠어요. 아마 초인적 힘을 발휘하지 않았나 싶어요.

## Question 직업을 바라보는 가족들의 시선은 어떤가요?

어머니, 아버지는 쇼핑을 자주 하시는 분이 아니세요. 원래 홈쇼핑은 잘 모르시기도 했고, 홈쇼핑에서 구입도 거의 안 하시니까요. 근데 제가 쇼핑호스트 된 다음에는 홈쇼핑 방송을 보시더라고요. 저희 아버지는 쇼핑호스트 이름을 다 알고 계세요. 우리 회사뿐만 아니라 경쟁사 상품이나 쇼핑호스트 분들도요. "요즘 그 쇼핑호스트 안 나오던데 어디 아픈가? 어떤 쇼핑호스트가 새로 왔던데?" 하고 말씀하시도 하며 굉장히 재밌어하시고 구입도 많이 하시죠. 또, 방송하는 상품들 중 비슷비슷한 제품들은  다른 홈쇼핑에서는 어떤 제품이 얼마인지다 파악하고 계세요. 제가 방송한 제품이 잘 안 나갔을 때 "왜 안 나갔지?" 하고 아버지와 얘길 하면, 아버지가 "다른 홈쇼핑에 비슷한 게 있더라. 근데 거기가 더 싸." 이렇게 얘기해주세요.

아버지 어머니가 지금 시골에 계시는데, 제가 방송에 나오니까 아무래도 많은 사람들이 저를 알아보잖아요. 그걸 좋아하시는 것 같아요. 그래서 쇼핑호스트가 된 걸 부모님이 좋아하세요.

재미와
공감으로
소통하는
쇼핑호스트

▶ 방송 준비 중 한 컷

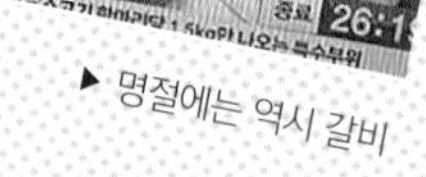

▶ 명절에는 역시 갈비

▶ 방송이 끝난 후 휴식

## Question 고객과 소통할때는 무엇이 중요한가요?

저는 궁금증을 많이 주려고 합니다. 고객에게 이 사람들이 일방적으로 전달하는 것이 아니라 고객들과 대화를 하고 있다는 느낌을 주고 싶어요. 그래서 방송 중에 질문을 많이 합니다. 예를 들어, 저녁 7시나 8시쯤 방송할 때는 "고객 여러분 지금 뭐하고 계세요? 우리 어머님들 설거지하고 계신가요?" 하고 질문하고, "설거지 하고 계시느라 제 말을 스쳐 지나가듯 들으실지도 모르겠습니다만, 잠깐 멈춰주시면 좋겠어요. 정말 중요한 얘기거든요." 이렇게요. 밤 10시, 11시에 침대나 배게 방송을 할 때면 "지금 아마 누워서 TV를 보고 계실 겁니다. 어디에 누워 계십니까?" 하고 질문하기도 해요. 누워있는데도 몸이 아프고 힘든 경우가 있거든요. 만약 같은 방송을 아침에 하면 "지금 일어나신 분들 어떻습니까? 오늘 주말이라 푹 주무신다고 아침 열 시까지 주무시다 일어났는데, 왠지 잔 거 같지가 않다고 하시는 분들 많으시더라고요." 하면서 질문을 던지는 거죠.

고객들의 반응을 제가 직접 볼 수는 없어요. 하지만 최대한 고객들이 저와 대화하는 느낌을 주려고 하고, 고객에 대해 궁금하다는 느낌을 주려고 노력을 많이 해요. 나를 보게끔 해야죠. 일방적인 설득보다는 함께 소통한다는 느낌, 그게 중요한 것 같아요.

## Question 방송 중 기억에 남는 에피소드가 있나요?

네. 몇 가지가 있죠. 한번은 사과 방송을 했는데, 보통은 사과를 칼로 쪼개서 보여주잖아요. 칼로 쪼개려다가 갑자기 소리를 들려주고 싶단 생각이 들더라고요. 칼로 자르면 소리가 안 나니까 마이크에 대고 손으로 쪼개서 쩍 소리가 나는 걸 보여주고 싶었어요. "자 이 사과 좀 보세요. 싱싱한 사과는 쪼갰을 때 소리가 경쾌하게 나야 합니다." 하면서 쪼갰는데 안 쪼개지더라고요. 그래서 "역시 사과가 안에 알이 꽉 차있습니다. 이렇게 했을 때 한 번에 안 쪼개지는 사과가 좋은 사과에요." 하고 또 한 번 쪼갰는데 안 쪼개지는 거예요. 결국 "역시 정말 단단하고 꽉 찬 사과입니다. 이런 사과가 좋아요." 하고 결국 칼로 잘랐죠. 솔직히 굉장히 당황스러웠어요. 분명 고객들도 쪼개려다가 못 쪼갠 걸 눈치챘을 거예요. 앞에 있던 스텝들 다 웃고 난리 나고. 하하.

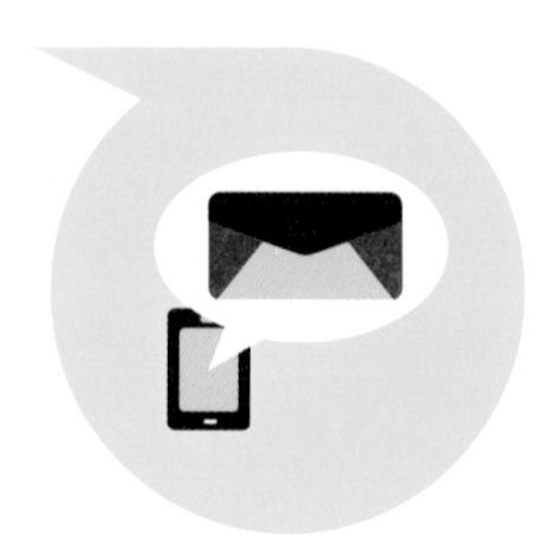

또, 고기를 구워서 먹는데 고기가 안 익는 경우가 있어요. 익힌 다음에 시식해야 하는데 갑자기 설명을 들어가야 하는 상황이 될 때가 있어요. 고기 구워주시는 분이 따로 있기 때문에 저희는 고기가 잘 익었는지 안 익었는지 몰라요. 일단 먹었는데 제대로 안 구워진 거예요. 재빨리 순간 판단을 해봅니다. '덜 익은 고기가 입에 들어갔는데 어떻게 할 것인가?' 그럼 뱉어야 하는데 방송에선 보기 좋지가 않으니, 할 수 없이 맛있다고 했죠. 그런 경우엔 약간의 연기가 필요해요. 덜 구워진 고기이지만 맛있게 구워진 것처럼 먹는 연기요. 나중에 사람들이 "고기 그거 다 안 구워진 것 같던데 구워졌나 봐요? 맛있게 드시던데." 하면 안 구워진 거라고 하고. 하하.

국물을 마실 때 너무 뜨거운 적도 있었어요. 방송이란 게 그래요, 너무 뜨겁다고 해서 "아 뜨거워!" 하면 좋아 보이지가 않죠. 뜨거운 걸 먹고 입천장이 데여도 "아, 정말 뜨끈하니 좋은데요?" 라고 합니다. 카메라 감독은 뜨거운지 안 뜨거운지 모르고, 잘 먹으니까 맛있어 보인다고 한 번만 더 먹어달라고 해요. 물론 "뜨거우니까 안 먹을래요." 이렇게 할 수도 있겠지만, 그 순간은 맛있게 먹는 모습을 보여줘야 하는 타이밍이니까요. 녹화 방송이 아닌 생방송이기 때문에 시간은 한정되어 있어요. 1분 1초가 소중하고 중요해서 이걸 뜨겁다고 내려놓는 순간 그 시간만큼 낭비를 하게 됩니다. 그래서 우리는 그냥 먹는 거죠, 내가 지금 입이 순간 데이더라도.

흔한 실수로는 추석 시즌을 방송할 때 자꾸 헷갈려서 추석이라 하지 않고 설날이라고 말하기도 해요. 실제로 고객 중에서 쇼핑호스트가 추석인데 설날이라고 한다고 전화하신 분도 있대요.

## Question 오랜 시간 쇼핑호스트를 하셨는데, 언제 가장 보람을 느끼나요?

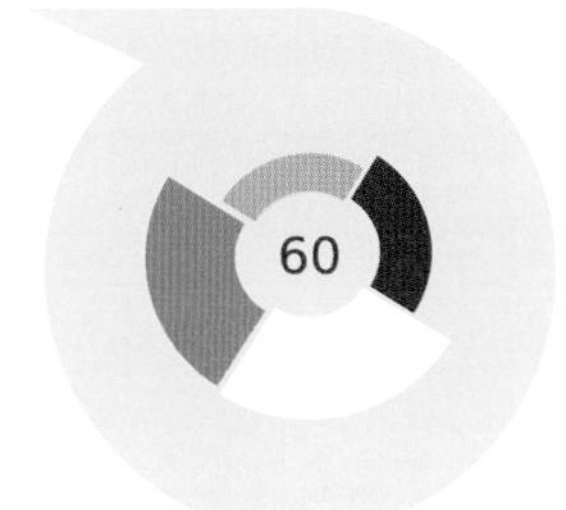


처음 시작할 땐 지금처럼 10년이 넘도록 이렇게 오래 할 줄은 몰랐죠. 그땐 너무 어렵고 힘드니까 '내가 10년 할 수 있을까? 아니, 5년은 할 수 있을까?' 했어요. 하지만 지금은 '이제 겨우 10년 했구나' 싶어요. 앞으로 10년 더 해야죠. 그러려면 계속 연습해야 돼요. 멋지고 훌륭한 후배들도 계속 들어오는데 후배들하고도 경쟁을 하려면 스스로 많이 연구해야 하고, 새로운 상품들도 계속 나오기 때문에 끊임없이 연습해야 합니다. 상품을 연구하고 어떻게 소개할 것인지도 고민하면서요.

아직도 처음 상품을 만나는 순간에는 여전히 떨려요. '정말 좋은 상품인데 어떻게 고객들한테 소개해야 할까? 내가 잘 소개해야 할 텐데.' 하고요. 고객에게 외면받고 사라지는 상품이 꽤 많거든요. 안타깝죠. 상품은 괜찮은 것 같은데 내가 설명을 잘 못 했나 싶기도 하고. 물론 전부 쇼핑호스트 잘못이라고 할 수는 없죠. 가격이 비싸서일 수도 있고, 시대에 너무 앞서서 혹은 뒤처져서 외면받을 수도 있어요. 그렇지만 골키퍼가 골을 못 막았을 때, 골키퍼 잘못은 아닌데도 '내가 저걸 막았어야 하는데'하고 생각하는 것처럼 항상 내가 좀 더 잘했어야 하는데 싶어 안타까워요.

반면 잘 되면 엄청난 박수를 받죠. "박창우 쇼핑호스트님 정말 고맙습니다, 대단합니다." 이런 찬사를 듣기도 하고, 상품이 히트 상품이 되기도 하고요. 요즘엔 고객 상품평에 고객들이 굉장히 평을 잘 써주세요. "또 한 번 구매했어요, 지인한테 소개했어요." 이런 글을 많이 올려주실 때도 큰 보람이 있습니다.

## Question 쇼핑호스트로서 고객에게 전달하고 싶은 가치가 있나요?

우리가 살면서 경험하는 여러 가지 재미가 있어요. 먹는 재미도 있고, 여행가는 재미도 있고. 특히 여성들에게 쇼핑은 하나의 놀이라고 생각해요. 홈쇼핑에서 사는 것과 백화점에서 사는 것은 다른 재미거든요. 백화점, 인터넷, 홈쇼핑 등 어디서 구매하는 걸 좋아하는지에 대한 개인만의 성향이 다 있어요. 단순히 TV나 인터넷을 보면 이미지와 설명만 보고 사지만, 홈쇼핑에서는 쇼핑호스트와 대화를 하고 쇼핑호스트의 끼나 엔터테이너적인 요소도 볼 수 있도록 쇼핑호스트는 일종의 '쇼'를 서비스하는 거죠. 물건에 대한 서비스는 당연한 거고, 우리 회사에 고객이 왔기 때문에 즐거운 말 하나라도 드리려고 노력해요. 고객들이 쇼핑의 즐거움을 만끽할 수 있게 해주는 거죠. 백화점에서 쇼핑하면 점원들이 골라주기도 하고 "어울리시는데요?" 이런 말도 해주고 하잖아요. 쇼핑호스트는 한 걸음 더 나아가서 그걸 직접 보여주는 거죠. 직접 먹어보면서 얘기하고, 판매하는 옷을 직접 입어보면서 그 경험담을 들려준다는 것. 이게 굉장히 높은 가치라고 생각해요.

## Question 재미와 즐거움 외에 또 중요한 가치는 무엇인가요?

공감도 무척 중요하다고 생각해요. 옷을 한 번 입고 방송하는 게 아니라 일상생활에서 계속 입어보고 그 옷에 대한 주위 지인들의 평가를 들어봐요. 음식이라면 나만 먹어보는 게 아니라 사람들한테 나눠줘서 그 사람들이 먹어본 후의 이야기나 경험을 대신 얘기해주기도 하고요. 얼토당토않은 말이 아니라 우리가 일상생활에서 충분히 똑같이 겪을만한 것들을 이야기 할 때 고객들이 고개를 끄덕이거든요. '다른 사람들은 어떻게 살고 있을까?'하고 남들의 생활을 보고 싶어 하는 욕망, 욕구를 작긴 하지만 쇼핑호스트가 어느 정도 들려주고 있지 않나 싶어요. 저희가 SNS를 하는 것들도 더욱 공감하기 위해서 하는 거 아닐까요?

## 쇼핑호스트를 꿈꾸는 학생들에게 한 말씀 해주세요.

공부하느라 힘들겠지만, 독서를 많이 하면 좋겠어요. 직접 경험을 하기 어려우니까 책을 통해 간접경험을 많이 해서 꿈을 키웠으면 해요. 계속 꿈을 가지고 있으면 원하는 대학을 가지는 못하더라도 분명히 기회가 있을 거예요. 재도전할 수 있는 힘도 생기고요. 그래서 지금 '아 나 성적이 너무 떨어졌는데, 난 걔보다 성적이 너무 안 좋은데.' 라고 걱정하고 있다면 할 수 있다고 얘기해 주고 싶어요. '1등 하는 애가 쇼핑호스트인데 나는 고작 30등인데 과연 될 수 있을까?' 될 수 있어요. 반에서 꼴찌이지만 '나 이거 하고 말거야.' 라고 생각하면 완전히 이루지 못할지언정 가까이는 간다는 걸 항상 머릿속에 생각했으면 좋겠어요. 공부를 열심히 하지 말라는 건 아니지만 쇼핑호스트라는 직업은 특히 그러니까 걱정하지 말라고 하고 싶어요. 다만 뭐든 하나라도 열심히 했으면 좋겠어요. 공부를 열심히 하는 것도 좋고, 친구끼리 사이좋게 지내는 것, 자기가 흥미 있는 어떤 것 하나라도 열심히요. '내가 하고 싶은 것을 꿈꾸고 끝까지 생각하고 있어라. 그럼 언젠가는 재도약의 길이 분명히 있다'라고 말해주고 싶어요.

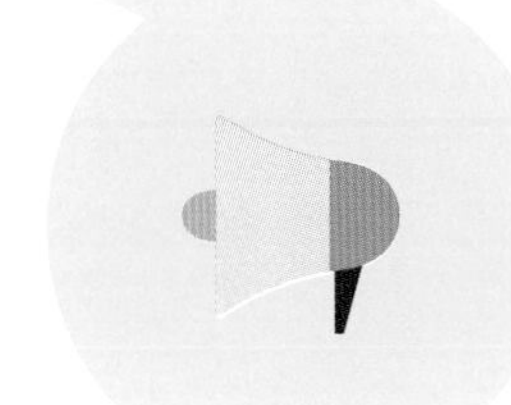

아, 그리고 부모님하고 선생님 말씀을 잘 듣는 건 중요해요. 어른들 말씀이 지금 어른이 돼서 생각해보니 도움이 많이 됐던 걸 느끼거든요.

어려서 남들 앞에서 얘기하는 걸 두려워했던 한 학생은 대학교에서 진행된 어느 아나운서의 강의를 계기로 아나운서 시험을 준비하게 된다. 그러던 어느 날, 면접 경험을 쌓기 위해 쇼핑호스트 면접에 도전했던 2009년, NS홈쇼핑의 쇼핑호스트로서 새로운 첫발을 내딛게 된다. 실생활의 모든 경험이 공부가 되는 쇼핑호스트라는 직업은 정말 매력적이었다. 그 후 아나운서의 꿈을 접고 2012년 CJ오쇼핑으로 이직하게 된다. 그곳에서 패션 쇼핑호스트로 성장할 수 있었고 또 다른 좋은 기회가 찾아와 2016년부터는 롯데홈쇼핑의 쇼핑호스트로 활동하고 있다.

CJ오쇼핑에서 〈오패션스튜디오라이브〉, 〈유난희쇼〉, 〈패셔너블〉 등 홈쇼핑 프라임 타임에 고정적으로 방송하는 패션 프로그램 진행을 맡았고, 현재 롯데홈쇼핑에서는 패션뿐만 아니라 뷰티, 생활가전 등을 맡으며 지금은 남자 유형석이 아닌 아빠로서 또 다른 방송 스토리를 만들어가고 있다.

---

## 롯데홈쇼핑 쇼핑호스트
# 유형석

- 현) 롯데홈쇼핑 쇼핑호스트
- CJ오쇼핑 쇼핑호스트
- NS홈쇼핑 쇼핑호스트
- 인하대학교 언론정보학과 졸업

# 쇼핑호스트의 스케줄

**유형석**
롯데홈쇼핑
쇼핑호스트의
**하루**

07:00~10:00
▸ 출근 준비 및 아침 식사
10:00~12:00
▸ 운동

13:00~14:00
▸ 상품 회의
15:00~16:00
▸ 상품 회의

18:00~18:30
▸ 헤어 메이크업
18:35~18:40
▸ 방송 직전 미팅

19:35~20:40
▸ 방송
20:40~21:00
▸ 방송 사후 미팅(리뷰 미팅)

21:00~22:00
▸ 퇴근
22:00~23:00
▸ 가족과의 시간

23:00~24:00
▸ 하루 일과 정리
24:00~7:00
▸ 수면

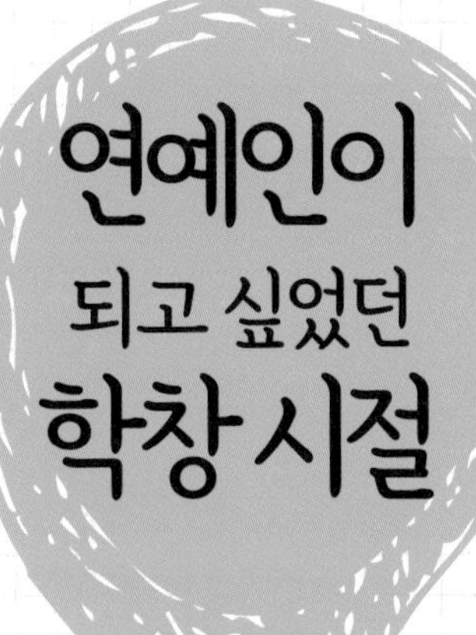

▶ 어렸을 적 공원에서

▶ 어렸을 적 가족과 함께

▶ 개구쟁이 시절

## Question 어린 시절에는 어떤 학생이었나요?

어릴 적엔 공부를 잘 하진 않았어요. 초등학교 땐 반에서 중간 정도의 성적이었고, 딱히 장래희망이 있지도 않았고요. 노는 것을 너무 좋아해서 학교에서 매일 뛰어놀고 그랬어요. 운동 하나는 정말 잘했던 기억이 있네요. 그런데 중학생이 되어서는 축구나 야구 같은 운동도 잘 안 하게 됐어요. 멋 부리기 시작하면서 친구들이랑 커피숍 가는 걸 좋아했는데, 열심히 멋 내고 나서 땀나면 거추장스럽잖아요. 어설프게 연예인이 되고 싶다는 꿈도 가졌었네요. 하하.

그러다가 고등학교에 가서는, 제가 다니던 학교에 유명한 럭비부가 있었는데요. 그 친구들은 운동만 하기 때문에 시험 때는 모두 찍고 자고 그랬어요. 그런데 전국 모의고사를 나름대로 열심히 풀었는데도 럭비부 친구들이랑 비슷한 점수가 나와서 충격을 받았어요. 그때부터 미친 듯이 공부를 하기 시작했죠. 잠은 하루에 3~4시간씩만 자면서 쉬는 시간에도 책을 보고요. 모의고사 성적이 연고대를 갈 수 있을 만큼 올랐죠. 결국, 원하는 대학에는 못 가 재수를 하느냐 마느냐 했는데 고등학교 2학년부터 3학년까지 2년을 그렇게 살았으니 더 이상은 못하겠더라고요. 그래서 재수는 안 했어요.

그렇게 공부를 했던 걸 생각해보면 목표가 있어야 하는 것 같아요. 누가 공부를 하라고 해서 하는 게 아니라 자기가 깨달아야 하게 되는 거예요. 저는 목표도 되게 웃겼어요. '대학을 가면 재밌게 놀 수도 있고 예쁜 친구들도 많겠지?' 하고 생각했던 것 같아요. 공부를 열심히 하게 되는 계기는 꼭 거창한 것이 아니더라도 괜찮아요.

## Question 대학생활 때 기억에 남는 일이 있나요?

대학교에 입학 후 교내 생활에는 별로 관심이 없었어요. 그냥 놀기 바빴고, 1학년 때 우연히 연예 기획사에 캐스팅이 됐어요. 그때 들어간 조그만 기획사는 얼마 안 가서 망했지만, 저를 큰 기획사에 연결해줬고, 그 대표이사님이 저를 마음에 들어 하셔서 가수로 음반을 내자는 제안을 하셨습니다. 제가 노래를 못한다고 했더니 랩을 하라고 하셔서, 연기를 하고 싶다고 말씀드렸더니 연기도 시켜주시겠다고 하시더라고요. '일이 잘되려나?' 하고 생각했는데 제가 직접 소속사와 계약을 하는 게 아니라 저를 연결해준 회사에서 저 대신 계약을 하려고 하고, 숙소나 계약금 등 여러 가지 문제가 생겼어요. 그런 것들을 살펴보시고 저희 부모님이 이건 아니다, 하지 말라 하셨죠. 그때 연예인에 대한 기대나 꿈도 접게 되었습니다.

이런 일을 겪으며 1학년 지나고 2학년이 되면서 어느 순간 '내 주변 다른 친구들은 재수해서 더 좋은 학교로 가는데, 난 고등학교 때 쌓아 놓은 걸 너무 쉽게 버렸나?' 하는 생각이 들더라고요. 고등학생 때 제가 생각했던 것과는 달리, 막상 대학에 들어가 보니 특별한 게 없기도 하고 뭘 해야겠다는 저만의 생각도 전혀 없었으니까요. 결국, 군대에 입대하게 됐고 군대 갔다 와서 편입을 준비했습니다.

## Question 어려웠던 일들도 있었을 텐데요.

하지만 대학에 지원했을 때도 그렇고 군대 가서도, 편입을 준비할 때도 저는 되는 일이 없다고 생각했어요. 군대 갈 때 운이 나쁘면 박격포를 간다는 얘길 들었는데 저는 '설마 내가 가겠어?' 했죠. 근데 제가 박격포를 갔고, 가서도 꼬인 군번이 된 거예요. 꼬인 군번이라는 게, 동기가 많으면 인원이 다 차서 제 밑으로 사람이 안 들어오는 거예요. 동기가 저 포함해서 5명이었거든요. 그래서 상병까지도 막내 생활을 했어요. 그리고 제대하고 나서 편입 준비를 하는데 제가 지원하는 해부터 편입생 선발 인원이 대폭 축소가 됐지 뭐에요. 열심히 준비해서 시험을 봤는데 딱 한 명만 뽑고 저는 떨어지고. 그런 일들이 이어지면서 스스로 '아 나는 진짜 되는 일이 없나 보다.' 했죠.

하지만 편입 준비를 하면서, 과에서 1등으로 전체 장학금을 받게 되었습니다. 그렇게 성적도 올리고, 계절학기도 수강하면서 참 열심히 하니 저도 부모님도 그 시간이 억울하게 느껴지진 않았어요. 무언가를 열심히 하다 보면 얻어지는 게 꼭 있더라고요. 인연도 그렇고, 사람의 길이 본인이 예상치 못하는 상황에서 트이기도 한다는 것을 이후에 알게 됐어요.

## Question 부모님께서는 어떤 직업을 선택하기를 원하셨나요?

모험보다는 안정을 추구하셨어요. 일반적인 회사원들의 삶을 이상적으로 바라보셨던 분들이에요. '혹시라도 얘가 나이 먹어서 아무것도 준비된 게 없으면 어쩌지?' 라는 걱정에 다른 사람들이 일반적으로 가는 과정을 밟길 원하셨죠. 부모님뿐 아니라 형도 제가 어떤 직업을 가졌으면 한다기보다, 직종에 상관없이 이름 있는 대기업에 취업하길 원했어요. 가족이 바라던 것과는 달리 저는 조금 다른 성격의 직업을 갖게 됐네요.

## Question 진로 선택 시 부모님과의 갈등은 없었나요?

아무 생각 없이 연예인을 하겠다고 했을 때 큰 갈등이 있었죠. 부모님은 절 잘 아셨으니까요. 사람들 앞에 나서기를 좋아하지도 않을 뿐더러 노래도 연기도 잘 못 했거든요. 단지 주변에서 외모에 대해 칭찬해주니까 갑자기 연예인이 되겠다고 하는 모습이 부모님이 보시기엔 황당했을 거에요. 그래도 무조건 반대하시기보다는 시도해 볼 수 있도록  함께 도와주셨어요.

아나운서 시험 준비를 한다고 말씀드렸을 때도요. "남들 앞에서 발표하는 것도 싫어하는데, 무슨 아나운서를 하겠느냐." 하시며 말리셨어요. 뽑는 인원이 워낙 적은 것도 아셨고요. 그때도 역시 아나운서 아카데미 등록도 도와주시며 도전해볼 수 있도록 도와주셨지만, 안 하면 안 되겠느냐는 말씀도 계속하셨죠.

## Question 부모님과의 갈등이 있었을 때 어떻게 결정했나요?

부모님들의 말씀이 언제나 옳다고 할 순 없겠죠. 직업을 선택하는 데에도 마찬가지고요. 하지만 길에서 너무 벗어나지 않도록 잡아주시고 도와주시는 건 맞아요. 그 시기에 자녀들은 모르죠. 당연히 나는 될 거라고, 맞다고 생각하니까요. 그럼에도 불구하고 그 때 부모님 의견에 무조건 굽히지 않고 직접 경험해본 것에 대해서는 분명 잘했다는 생각이 들어요. 지금 생각해보면 부모님 입장과 제 입장이 조율이 잘 되어 감사해요.

# 나의 첫 직업이 된 쇼핑호스트

▶ 유난희쇼 방송할 때

▶ 캐리어 상품 기획 프로그램 방송 중

▶ 롯데홈쇼핑 크리스마스특집 방송 중 한 컷!

Question

## 쇼핑호스트를 하시게 된 계기는 무엇인가요?

어느 날 제가 다니던 대학 동문인 최형주 아나운서가 학교에서 강의를 하셨어요. 강의를 듣고 있는데, 최형주 아나운서가 저한테 오셔서 한 번 방송 쪽 일을 해보지 않겠느냐고 물어보시더라고요. '내가 될까?' 하면서도 그때부터 아나운서에 대한 관심을 갖기 시작했어요. 생각 끝에 한 번 준비해봐야겠다고 결심했고 최형주 아나운서가 다른 아나운서도 소개해주시고, 여러 가지 교육을 받을 기회를 마련해주셨어요.

"네가 무슨 방송이냐, 아나운서는 몇 명 뽑지도 않는데." 하시며 집안에서의 반대는 엄청났죠. 제 성격이 사람들 앞에서 서는 것을 안 좋아해서 강의를 들을 때도 조별로 발표하는 수업을 최대한 피하며 시간표를 짰거든요. 그런 제 성향을 부모님은 정확히 아시잖아요. 그래도 경험을 해보겠다고 말씀드리고 아나운서 아카데미에 다녔습니다.

시험에 합격하려면 다양한 경험이 필요하니 당시 특채로 쇼핑호스트를 뽑던 NS홈쇼핑에 지원하게 되었습니다. '꼭 합격해야지'란 생각보다는 일단 면접 경험을 쌓아보자는 생각이었는데 합격을 해서 우연히 홈쇼핑 회사에 들어가게 됐어요. 아나운서 시험을 준비하는 동안 리포터, 라디오 진행, 모델 활동 등을 했는데 메인 직업을 갖게 된 건 쇼핑호스트가 처음이었어요.

## 어릴 적부터 발표하는 걸 싫어했는데, 쇼핑호스트가 되어 어려움은 없었나요?

저는 많이 긴장하거나 실수했을 때 마음에 오래 담아 두는 소심한 스타일은 아니에요. 이런 강점 덕분에 부담감을 극복할 수 있었죠.

입사 후 첫 방송은 무사히 넘기고 두 번째 방송 때, 선배랑 같이 방송을 하다가 선배가 옷 갈아입으러 들어간 사이 갑자기 PD님이 저한테 멘트를 요청하신 거예요. '설마 내가 신입인데 혼자 멘트를 시키시겠어?' 생각했었는데 당황했죠. 홈쇼핑은 대본도 없잖아요. 꾸역꾸역 말도 안 되게 멘트를 마무리 지었던 게 기억나요. 거기서 끝나지 않고 선배가 빨리 안 와서 방송하던 옷이 어떤지, 얼마나 트렌디한지 설명을 해달라는 멘트 요청이 또 왔어요. 당황해서 입이 딱 막혀버렸어요. 도저히 말을 못 잇겠더라고요. 결국, PD님이 마이크도 내려버렸어요. 한마디로 방송 사고죠. 대부분의 사람이 처음 시작할 때 그런 일을 겪으면 위축되고 상처받기 쉬운데 저는 그렇지 않았어요. 방송할 때 당황하고 걱정해도 그 상황에 잘 적응할 수 있었습니다.

Question

## 일에서의 성장 과정은 어땠나요?

NS 홈쇼핑이 저에겐 아카데미 같은 존재였다고 생각해요. 방송을 하면서 배웠으니까요. 저는 쇼핑호스트 아카데미를 다니며 준비했던 친구들에 비해 성장 속도가 굉장히 느렸어요. 지금도 회사에 들어오는 신입 쇼핑호스트들 보면 제가 그 연차 때 절대 할 수 없던 퍼포먼스를 해요. 원래부터 끼가 많은 사람들이나 처음부터 쇼핑호스트만 준비한 사람들이 많거든요. 그들은 처음만 적응하면 금세 쭉쭉 성장하니 끼도 없고 많이 준비되지 않았던 저에 비해 훨씬 빨랐어요. 하지만 천천히 성장하는 것도 나쁘지 않다고 생각합니다. 그 순간의 스트레스를 견딜 수 있고, 조금 창피하더라도 실수를 인정하고 극복할 수 있으면 계속해서 성장할 수 있어요.

# 그 무엇보다, 나에게 어울리는 일

▶ 패셔너블 프로그램 타이틀

▶ 패셔너블 프로그램 타이틀

▶ 패셔너블 프로그램 타이틀

## Question 쇼핑호스트의 장점은 무엇인가요?

시간을 쓰는 데 있어서 상대적으로 자유롭습니다. 고정된 일정에 얽매이거나 매일 똑같이 움직이는 패턴이 아니라서 삶이 매일 반복된다는 느낌이 적어요. 우리가 생활 속에서 사용하거나 먹거나, 입는 상품을 방송 하다 보니까 이 자체로도 재밌죠. 청소기와 같이 생활에서 자주 사용하는 물건인데 신상품이 나오면 새로운 기능들도 알 수 있고 먼저 사용해 볼 수 있어요. 생활과 관련된 모든 것들을 멘트로 구성하는 것도 흥미롭고요. 패션 같은 경우는, 집에서 TV를 보더라도 연예인들이 입고 나오는 옷을 관심 있게 보게 돼서 드라마를 보는 게 동시에 공부가 되는 거예요. 일상과 굉장히 밀접한 관련이 있다는 게 상당히 큰 매력인 것 같아요.

## Question 나이가 들수록 매력적인 직업이라고 하는데 정말인가요?

특히 아이 키우면서 같이 일을 병행하기에 좋은 직업이죠. 아나운서 같은 경우는 나이 제한이 있어요. 남자의 경우 서른 살만 돼도 거의 뽑히기 어렵다고 보면 되고, 여자의 경우 더 심하죠. 반면에 쇼핑호스트는 결혼을 하고 아이가 있다면 더 매력이 있다고 봅니다. 아이를 키우고 있으면 아기 관련 상품도 할 수 있고, 생활 속에서 더 풍성하고 다양한 멘트를 자연스럽게 익힐 수 있어 나이가 들고 많은 경험이 있을수록 더 좋은 직업이에요.

## Question 이 직업의 단점은 무엇인지도 궁금해요.

중간중간 시간이 많이 남는 경우가 있어 굉장히 편한 직업이라고 생각할 수 있는데 만성피로에 걸리기가 쉽습니다. 규칙적인 생활을 하지 못하거든요. 체력관리와 건강관리를 잘 하지 않으면 금방 망가질 수 있어요.

그리고 방송 시 매출에 스트레스를 받는 사람들도 많죠. 쇼핑호스트는 숫자로 평가를 받는 직업인 만큼 한두 번은 몰라도, 지속적으로 매출 성과가 낮으면 힘들 수 있거든요.

## Question 방송 외 시간은 어떻게 활용하시나요?

요즈음 홈쇼핑은 더욱 미디어 채널로서의 특성이 짙어졌습니다. 말을 잘하는 것뿐만 아니라 외적으로 보여지는 면도 상당히 중요한 부분을 차지합니다. 스스로 할 수 있는 자기관리가 필요한 직업이에요. 저는 외국어 공부 같은 자기개발 보다는  일상생활에서 자연스럽게 공부하고 자기관리 하는 패턴을 유지하려 합니다. 일을 하지 않을 때는 운동을 하거나 피부관리를 하고, 외모에 대한 노력뿐 아니라 트렌드를 파악하기 위해 일상에서 동료나 지인을 많이 만나서 교류도하죠. 쇼핑하거나 영화를 많이 보는 것도 도움이 돼요. 영화나 드라마의 소재거리와 '누가 뭐 썼더라, 뭐 입었더라, 어떤 스타일이더라.' 등 유행하는 아이템을 항상 눈여겨봅니다.

그 외에 케이블 방송이나 다양한 행사 진행을 하기도 하고요. 아이가 있어서 육아도 같이해요. 아이를 돌보고 함께 놀러 다니는 것이 일과 별개라는 생각이 들지 않는 게, 아이를 키우며 드는 생각들을 방송에서 다 활용할 수 있더라고요.

## Question 쇼핑호스트에 대한 주변 사람들의 반응은 어떤가요?

어릴 적부터 멋 부리는 걸 좋아해서인지 어머니는 "직업 정말 잘 찾았다. 입고 싶은 걸 다 입어보고 그걸로 돈도 벌고 일도 하고. 되게 좋은 거 한다."라고 말씀하셔요. 저도 이런 부분이 매력적이라고 생각해요. 홈쇼핑 안에서 판매되는 상품의 카테고리엔 우리의 모든 생활 방식이 다 들어가 있거든요. 제가 좋아하고 관심 있는 상품도 카테고리 안에 포함돼요. 하기 싫은  아이템으로 억지로 기획안을 만들기보다는 본인이  좋아하는 방송을 하게 될 확률이 무척 높습니다. 방송을 하며 입고 싶은 거 다 입어보고, 꾸밀 거 꾸미고 헤어, 메이크업도 멋지게 해주니까 친구들이 보기에도 재미있는 직업 같다고 말해요. 물론 그저 편하면서 재미있고 돈 많이 버는 직업은 아니지만요.

▸ 정장방송 중

▸ 브랜드 론칭 타이틀 촬영에서 모델 역할 중

## Question 특별히 기억에 남는 에피소드가 있나요?

NS 홈쇼핑에서 걸레 상품 방송을 할 때였어요. "밤에 걸레질하는 게 되게 좋아요." 이런 멘트를 하려다 가끔 저도 모르게 앞뒤를 잘라먹고 이야기 할때가 있어 실수로 "밤에 걸레입니다"라고 해버렸어요. 하하.어떤 쇼핑호스트는 방송 시간이 10분 남았다고 한다는 게 10년 남았다고 한 적도 있었어요. 자기도 모르게 실수하고 지나가는 경우가 종종 있답니다.

그리고 방송할 때 이어피스를 차고 PD랑 이야기를 나누는데요. 무척 피곤한 날이 있었어요. PD님 얘기가 끊기길래 "여보세요?" 라고 한 적도 있어요. 전화통화 한다고 생각한 거예요. 또 방송에서 시연하면서 나는 사고도 많죠. 내복과 같은 상품은 마네킹에 입혀놓고 있잖아요. 그걸 핸들링했는데 밴드 부분이 우스꽝스러운 모양이 돼서 방송 중에 빵 터진 적도 있어요. 그럼 괜히 계속 기침하고 그러기도 해요. 생방송이다 보니 다양한 일들이 일어난답니다.

## Question 쇼핑호스트라는 직업에 적합한 성향이나 자질은 무엇일까요?

방송을 통해 평상시 생활이나 성향이 많이 드러나는데요, 조용한 성향의 사람들은 조용한 스타일로 방송을 하기도 하지만, 이 직업은 기본적으로 수다스러운 성향을 가지고 있으면 더 좋지 않을까 싶어요. 저는 낯을 가리는 성격이라서 새로운 사람과 친해지는 데 시간이 걸리는데 그런 점이 방송을 진행할 때 불편하게 작용할 때도 있죠. 자신의 성향에 대해 파악하고 있는 것은 중요하다고 생각해요.

또, 어떤 것이라도 다양한 관점에서 바라보고 생각할 수 있는 능력도 필요합니다. 매사 모든 것을 그냥 스쳐 지나가는 게 아니라 하나, 하나를 짚어내며 볼 수 있어야 해요. 홍대같이 사람이 많은 곳을 지나갈 때 사람들의 스타일 등을 관찰해보는 연습을 해보면 어떨까요?

그리고 정신적으로 강해야 하죠. 쇼핑호스트는 상처를 받기도, 스트레스를 받기도 참 쉬운 직업이거든요. 경쟁도 심하고 같은 조직 사람들 간의 시기와 질투가 많은 직업이기도 해요. 의도적으로 상대를 이기려고 혹은 지려고 하는 건 아니지만 자연스럽게 내 성과가 더 좋아야 올라갈 수 있는 구조다 보니 의식하지 않는 게 쉽지 않죠. 말을 많이 하는 직업이다 보니까 소문이 많기도 하고요. 그런 부분에서도 스스로 견딜 수 있는 힘을 갖추는 게 중요하다고 생각합니다.

## 학생들에게 어떤 활동을 추천하고 싶으신가요?

저는 대학 다닐 때 동아리를 못 해본 게 지금은 참 아쉽더라고요. 고등학생이든, 대학생이든 사람도 많이 만나고, 동아리 활동도 해보면서 공부를 열심히 하는 만큼 학생 때 할 수 있는 다양한 경험들을 했으면 좋겠어요!

그리고 무엇이든 스스로 깨우쳐 보세요. 남들이 다 하니까 나도 무조건 따라 하는 것 보다는 어떤 계기를 통해 스스로 시작하는 일에 엄청난 힘이 있거든요. 제가 아는 어떤 친구는 고등학교를 졸업하고 대학에 가지 않았어요. 그런데 어느 날 다른 친구들은 모두 대학생이고, 소개팅도 하는데 본인은 소개팅도 못 하고, 학교도 안 다니는 자신의 모습이 바보가 된 기분이 들어 자신감이 떨어지는 거예요. 그때부터 공부를 열심히 하더니 성균관대학교에 가더라고요. 지금까지 어떤 모습이었는지와 상관없이 스스로 깨우치고 노력하면 돼요.

특출나게 관심이 많거나, 잘하는 일이 있다면 꼭 대학에 진학하지 않더라도 그 재능을 살려 전문직종을 찾아보는 것도 중요하다고 생각합니다. 대학에 가서 사회의 과정을 똑같이 밟는 것이 의미가 없다는 말이 아닙니다. 그 과정에서 분명 배우는 점이 많고 스스로의 길을 찾아 나갈 수 있는 가능성이 있으니까요. 하지만 사회에 나와 일을 하다 보면 좋아하는 일을 하는 사람들이 훨씬 길게 남는 것을 볼 수 있을 거예요. 내가 좋아하는 것과 잘하는 것이 무엇인지 더 많은 시간을 투자해서 찾아보세요.

## 마지막으로, 이 책을 보고 있는 학생들에게 하고 싶은 말씀이 있나요?

저는 일단 지금도 주변 사람들한테 얘기를 하는 건데, 주변 친구들을 봐도 그렇고 제가 봤을 땐 중학교 때 공부 잘하고, 고등학교 때 공부 잘하고 이게 크게 중요치 않은 것 같아요. 중학교 때 공부를 잘했던 친구들도 대학교 가서 다른 데 관심이 쏠려서 공부 못하는 경우도 많고 하물며 중학교, 고등학교 때 엄청 놀다가 나이가 들어 다시 공부해서 대학 간 친구도 있는데 그렇게 대학 가서 더 열심히 공부하고 성공한 친구들도 있고요. 그래서 저는 제 아이도 공부를 심하게 강요할 마음은 없어요. 모든 아이들이 성적 때문에 꿈을 포기하지 않았으면 좋겠어요.

또, 단순히 쇼핑호스트라는 직업을 화려하고 돈 많이 버는 직업이라고 생각하는 친구들이 있을 거예요. 그렇다면 쉽지 않을 수도 있습니다. 화려하게 보이는 부분을 떠나 제가 말씀드렸던 매력과 장점에 관심이 있다면 이 직업을 준비하는 것을 추천합니다. 이 직업이 포화상태이기도 하지만, 그만큼 다양한 채널들이 생기고 있으니까 새로운 기회가 얼마든지 있다는 것도 기억해주세요!

"사회에 나와 일을 하다 보면 좋아하는 일을 하는 사람들이 훨씬 길게 남는 것을 볼 수 있을거예요. 내가 좋아하는 것과 잘하는 것이 무엇인지 더 많은 시간을 투자해서 찾아보세요. 학생 때 할 수 있는 다양한 경험들을 했으면 좋겠어요! "

어린 시절부터 춤추는 것을 좋아하고 화려하고 예쁜 것, 때로는 주목받는 무대에 서는 것을 좋아해 대학 때까지 무용을 하였다. 이후 그 당시 선망의 직업이었던 승무원에 도전하여 항공사에서 국제선 승무원으로 수년간 활동하기도 했다. 이후 2011년부터 시작한 홈쇼핑 미용 전문 게스트활동을 계기로 2013년엔 정식 쇼핑호스트가 된다.

이제 와 돌아보면 내가 무엇을 잘하는지, 무엇을 좋아하는지 잘 알고 있었다는 것이 참 다행이고 각각 달라 보일 수 있는 나의 직업들이 내게는 비슷한 색을 가졌다고 여겨진다.

그 어느 시절보다 쇼핑호스트로서 활동하는 지금이 가장 치열하고 바쁘게 살고 있으며, 힘들기도 하지만 또 그만큼 행복한 하루하루를 보내고 있다. 쇼핑호스트 이후에 또 다른 직업을 얻게 될지 아니면 쇼핑호스트로 계속 방송을 하고 있을지 모르겠지만, 무엇이 됐건 아마 그때도 내가 원하는 모습으로 살고 있지 않을까?

---

CJ오쇼핑 쇼핑호스트

## 이도현

- 현) CJ오쇼핑 쇼핑호스트
- 롯데홈쇼핑 쇼핑호스트
- 홈쇼핑 미용전문게스트
- 아시아나항공 국제선 승무원
- 세종대학교 무용과 졸업

# 쇼핑호스트의 스케줄

**이도현**
CJ오쇼핑
쇼핑호스트의
**하루**

5:00~6:00
▸ 출근
6:00~8:00
▸ 대본 확인, 메이크업 등 방송 준비

08:15~9:00
▸ 방송 진행
9:00~11:00
▸ 방송 모니터링 및 업체 미팅 준비
11:00~12:00
▸ 화장품 업체 미팅

12:00~13:00
▸ 점심 식사
13:00~14:00
▸ 패션 방송 관련 사내 미팅

14:00~15:00
▸ 화장품 협력 업체 미팅
15:00~16:00
▸ 다음날 방송 준비

16:00~19:00
▸ 퇴근 및 개인적 모임 참석
19:00~21:00
▸ 가족과 함께

21:00~22:00
▸ 하루 일과 정리
22:00~04:00
▸ 수면

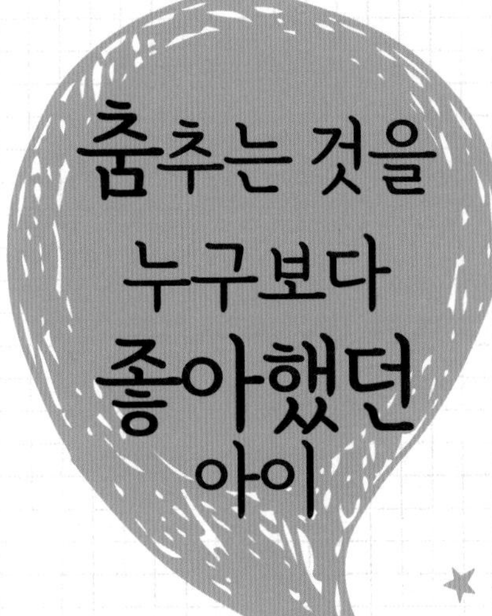


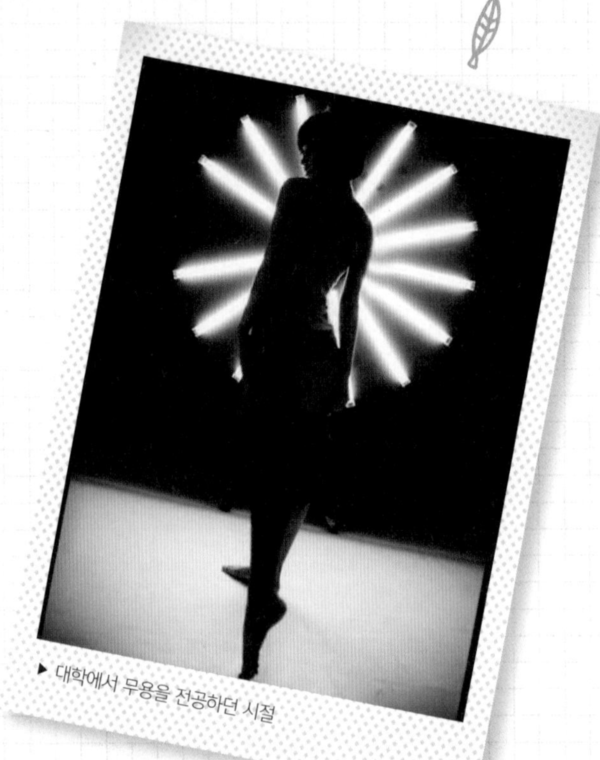

▶ 대학에서 무용을 전공하던 시절

▶ 2005년 승무원 입사 당시

## Question 어릴 때 가장 좋아하던 것은 무엇이었나요?

방학이 되면 친척 언니네 집에 놀러 가, 언니랑 김완선 같은 유명한 댄스 가수들의 음악을 틀어 놓고 온종일 춤을 췄어요. 피아노 학원에서 연주회를 마치고 난 후에 파티를 열어 장기자랑을 하면 그때도 춤을 춰서 항상 1등을 했죠.

엄마가 그런 제 모습을 보시고 뭘 시키면 좋을지 고민하셨나 봐요. 피아노에는 흥미가 없어 보이고, 미술은 좋아하는데 전공할 만큼 잘하는 것 같진 않으니 "너 좋아하는 게 뭐니?"라고 물어보시더라고요. 그래서 춤추는 게 좋다고 했어요. 그렇게 초등학교 때부터 무용을 시작하게 되었죠. 처음엔 예고에 진학하려고 발레를 했었어요. 하다 보니 현대무용이 더 재밌어서 예고에서 현대무용 공부를 하고 대학에서 현대무용을 전공했어요.

## Question 중고등학생 때 세운 목표는 무엇이었나요?

솔직히 학창 시절의 목표는 대학 입학이었어요. 내가 정말 무용을 좋아하는가에 대해 진지하게 생각하기보다는 단순히 공부보단 무용을 잘하는 것 같으니까 진로를 바꿨고, 친구들이 대학을 가기 위해 열심히 하니까 저도 따라서 대학에 진학하려고 공부했던 것 같아요. 엄청난 무용가가 되겠다든지, 교수가 되겠다든지 뚜렷한 목표 없이 일단 대학 진학을 목표로 했죠. 그런데 지나고 나서 생각해 보면 꿈이 있든 없든 결과적으로 미래는 어떻게 될지 모르는 것 같아요.

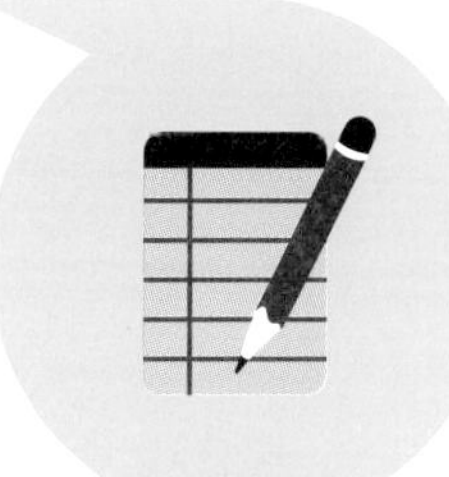

## Question 무용을 전공하다 다른 진로를 선택하게 된 계기가 있나요?

대학교 4학년이 될 때 즈음 집안 형편이 어려워졌어요. 예체능 전공자들은 대학원에 진학하고, 유학을 다녀와야 그 분야에서 자리 잡기가 수월한데, 더 이상 경제적 지원이 어렵다는 부모님의 이야기를 듣고 취업을 준비해야 했어요. 예체능을 전공한 학생이 졸업하고 정규 직업을 가질 수 있는 직장을 찾는 게 쉽지는 않았죠.

그래서 진로에 대한 고민을 많이 했는데, 그때 우연히 승무원이라는 직업이 전공과는 무관하게 지원할 수 있다는 걸 알게 되었어요. 게다가 유학이나 해외여행을 가본 적이 없어서 해외로 다니는 것이 멋있어 보였고, 단정하게 유니폼을 입고 다니는 것이 예뻐 보였어요.

그래서 대학 3학년 말부터 열심히 준비했죠. 영어를 잘하지 못해서 고생을 좀 했어요. 다른 사람들은 6~7개월 준비하면 될 영어 점수를 만드는 데 저는 1년 반이나 걸렸거든요. 그렇게 준비해서 2005년에 대학을 졸업하자마자 그해 4월에 바로 아시아나 항공에 입사하게 됐어요.

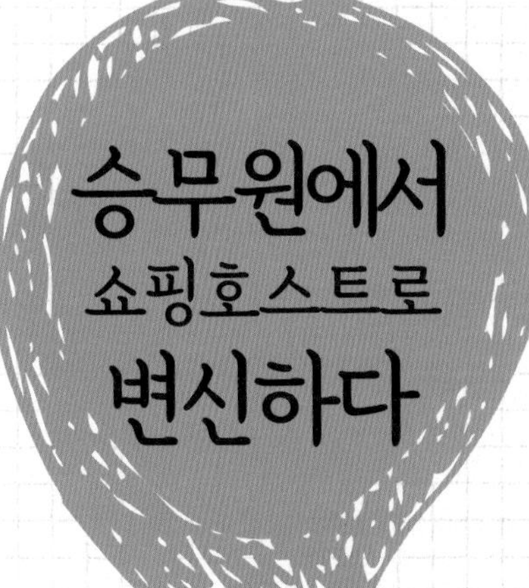

# 승무원에서 쇼핑호스트로 변신하다

▶ 롯데홈쇼핑 패션 역시즌 특집 모피 방송

▶ 롯데홈쇼핑 잡화 방송

## 승무원에서 쇼핑호스트가 되셨는데요. 어떤 이유였나요?

누구나 일하면서 생기는 내적, 외적인 갈등이 있잖아요. 직업이라는 게 자신의 적성이나 성격과 잘 맞아야 꾸준하게 할 수 있지, 돈만 보고 할 수 있는 것도 아니고, 남들 보기에 멋있어서 할 수 있는 게 아니더라고요.

저는 항공사에 근무하면서 6년 반 정도 국제선 비행기를 탔어요. 그 시간이 지나니까 외국으로 다니는 것에 대해 두려움과 불편함을 느껴졌고, 서비스직이다 보니 사람들을 만나면서 받게 되는 스트레스가 많았어요. 또 저는 외향적인 성격인 데다 개성을 드러내는 걸 좋아했는데, 항공사에서는 똑같은 옷에 똑같은 헤어스타일, 똑같은 멘트를 하며, 항상 저 자신보다 고객을 최우선으로 고려해야 한다는 것이 힘들더라고요. 고객 중에는 소위 블랙리스트에 올라간 불평, 불만 많은 사람들이 있는데, 그런 고객에게도 친절하게 응대하는 일을 반복하다 보니 감정 없는 사람이 되는 것 같아 힘들었어요. 결론적으로 승무원이라는 직업은 제 성격과 맞지 않았던 거죠.

또 다른 이유는 당시 어머니가 편찮으셨어요. 제가 간호를 해 드려야 했는데, 해외로 비행을 다니니 한국에 있을 시간도 많지 않고, 쉬는 날도 일정하지 않았어요. 그래서 중간에 몇 개월간 휴직도 하고, 일본-한국, 중국-한국, 동남아-한국 이런 식으로 단거리 비행만 신청해서 다녔죠. 간호와 업무를 병행하다 보니 힘에 부치고, 직업에 대한 회의감마저 들더라고요. 그때 이직을 고민했는데, 제 나이 스물아홉에 무작정 회사를 그만둔다는 걸 부모님께서 반대하셨어요. 결국 서른이 넘어 그만뒀고, 쇼핑호스트로 입문이 늦었죠.

## Question 어떤 과정을 거쳐 쇼핑호스트가 되었나요?

이 분야에 대한 정보가 전무 없었기 때문에 쇼핑호스트 아카데미에 다녔었어요. 퇴사 전에 회사 일과 병행하면서 다녔는데, 쉬는 날이 일정치 않으니 강의를 거의 들을 수 없더라고요. 퇴사하고는 소규모의 신생 아카데미에 다녔어요. 그 학원을 선택한 이유는 수강생이 많지 않아 저한테 집중해서 맞춤 교육을 해 줄 수 있겠더라고요. 제 예상대로였고, 합격하는데 도움이 많이 됐어요.

## Question 쇼핑호스트 아카데미에서는 무엇을 배우게 되나요?

방송 진행과 상품 설명 등에 관련된 기본적인 것들을 배워요. 발음이나 발성, 표현력, 이미지 메이킹 등 기본적인 것부터 상품 분석, 프레젠테이션, 방송 진행 방법 등 쇼핑호스트가 알아야 할 것들을 배웁니다.

아나운서도 마찬가지고 쇼핑호스트 시험은 카메라 테스트가 거의 8할을 차지해요. 말하는 목소리나 말투, 화법이나 멘트의 구성도 중요하지만, 처음 카메라테스트 할 때 보여주는 이미지와 흡입력이 아주 중요해요. 쇼핑호스트 시험이 변수가 많은 것이 방송 멘트를 잘한다고 쇼핑호스트가 되지 않아요. 그래서 학원에서 보면 '저 사람은 학원 들어온 지 얼마 안 됐는데 갑자기 쇼핑호스트가 됐네?'라는 상황이 발생할 수 있어요. 그런 사람들 보면 대다수가 이미지가 좋아요. 비주얼도 괜찮은 경우가 많죠. 키가 크다든지, 출신이 잘 드러날 만한 미스코리아, 모델, 승무원이라든지 아니면 리포터 등의 방송 경력이 있다든지. 그런 사람들의 대다수가 서류와 카메라 테스트에서 통과를 해요. 이렇게 쇼핑호스트가 되기 위해 필요한 기본적인 것들부터 실제 쇼핑호스트가 됐을 때 사용할 수 있는 기법 등 종합적인 것들을 배우면서 준비하게 돼요.

## Question 쇼핑호스트 아카데미를 수료하는 데 얼마나 걸리나요?

아카데미마다 커리큘럼이 다른데, 기본적으로 초급 과정 3개월, 고급 과정 3개월로 해서 보통 6개월 단위로 진행되더라고요. 그 과정으로 끝내지 않고 다른 교육을 신청해서 듣는 사람들도 있어요. 최근에는 방송 고시라 불릴 정도로 경쟁률이 높아져서 6~7년을 준비하는 사람들이 있기 때문이지요.

## Question 쇼핑호스트 준비 기간에는 어떤 일을 했나요?

준비 기간 동안 방송 리포터 일도 했고, 홈쇼핑 방송에서 미용 분야 게스트로도 활동했어요. 홈쇼핑 방송에는 쇼핑호스트와 함께 연예인 게스트나 협력 업체의 게스트들이 출연하는데, 저는 협력 업체의 게스트로 활동을 했어요. 이런 경력은 이력서를 작성할 때나 제가 방송을 진행할 때도 도움이 되더라고요. 방송 경험 없이 들어가 기초부터 배우는 것보다 방송 진행을 하는 데 두려움이 덜하고, 업체나 방송 관계자들에게도 믿음을 줄 수 있겠죠.

실제로도 방송 경험 있는 친구들이 인턴 평가도 무난히 통과하고 쇼핑호스트가 되더라고요. 방송 경험이 없는 사람이 방송 환경에 적응하고 익숙해지는 데 시간이 걸리기 마련이고, 인턴 기간이 3~6개월이라고 해도 경험자를 따라잡기에는 부족한 시간이죠. 그래서 저는 방송 경험들을 쌓으면서 쇼핑호스트를 준비하는 게 가장 좋다고 생각해요.

## Question 쇼핑호스트 선발 과정은 어떻게 되나요?

대부분 서류 전형, 카메라 테스트, 실무 면접, 임원 면접 순으로 진행됩니다. 최종 합격이 되더라도 인턴 과정을 거치면서 최종 평가를 받게 됩니다. 자세히 말하자면, 지원자 1,000명 중에 서류 전형을 통과하는 사람은 300명 정도이고, 그중에서 카메라 테스트를 통과하는 사람은 대략 90명 정도, 그 후에 실무 면접을 거치면서 20명 정도가 되고, 임원 면접을 거쳐 최종 합격하는 사람은 6~7명이 돼요. 또 인턴 과정을 거치면 반 이상이 떨어져서 결국 쇼핑호스트가 되는 사람은 2~3명입니다.

회사마다 채용 형태가 달라 쇼핑호스트가 되어도 정규직이 될 수도 있고, 프리랜서가 될 수도 있어요. 대다수는 정규직이 아닌 프리랜서입니다. 그러다 보니 1년 동안의 실적에 따라 연봉이 결정되거나 재계약이 되지 않을 수 있어요. 그런 점에선 안정된 직업이라고는 할 수 없죠.

## Question 인턴 과정은 어떻게 이루어지나요?

회사마다 다른데 인턴 기간은 보통 3개월이에요. 그 기간 동안 회사 자체 교육도 받고, 보조 진행자로 방송에도 투입되면서 최종 평가를 받게 되죠. 최종 합격했는데, 또 무슨 평가냐 싶어 불합리하다고 생각할 수 있지만, 회사 입장에서는 회사가 추구하는 이미지가 있기 때문에 거기에 부합하는지 테스트하는 거죠.

끊임없이 발전을 해야 하는 일이에요. 매출도 중요하지만 내가 계속 노력하고 있다는 걸 방송을 통해 보여 줘야 합니다. 당연한 얘기이지만, 방송 외에 협력 업체와의 미팅이나 업무 처리를 하는 순간에도 언행이나 이미지, 마음가짐 등에 소홀해서는 안 됩니다.

# 오랫동안 쇼핑호스트로 남고싶어

▶ CJ오쇼핑디자이너와의 시간 셀렙샵플러스 오프닝

▶ CJ오쇼핑 디자이너와의 시간 셀렙샵플러스

## Question 처음 한 방송은 어땠나요?

처음에는 신발, 가방, 쥬얼리 등 잡화 분야를 맡았어요. 방송을 시작한 첫날 2개의 프로그램을 진행했는데, 아침 방송에서는 신발을, 저녁 방송에서는 레깅스와 언더웨어 구성으로 방송을 했어요. 시작 전에는 엄청 떨었는데, 어느 정도 시간이 지나니까 떨림은 사라지고, 신나더라고요. 그때 방송 영상을 캡처해서 사진으로 남겨 둔 게 있는데, 그걸 볼 때마다 이런 모습을 하고, 이런 표정을 지었구나 싶어 그날의 떨림이 고스란히 전해져요.

## Question 자기개발을 위해 어떤 노력을 하나요?

첫 번째는 살을 찌우면 안 되기 때문에 몸매 관리에 신경을 많이 쓰고, 피부 관리도 열심히 하려고 노력해요. 그런 외적인 관리도 하고, 저는 모니터링을 많이 하는 편이에요. 모니터는 제가 할 방송 외에도 타사 모니터도 하고 제가 하고 있는 비슷한 카테고리의 다른 상품 모니터링도 해요. 또 그와 관련해서 파생되는 여러 가지 공부할 거리들이 있잖아요. 요즘 동향이나 혹은 그 동향을 리드하는 스타나 유명인들의 이야기, 그들의 과거까지도 보고, 그 사람이 이 패션을 만나기 전에 다른 어떤 패션을 좋아했었는지, 과거에서 지금에 이르기까지 어떤 과정이 필요했었는지 등  전반적인 배경 지식을 보려면 쇼핑호스트는 공부를 많이 해야 해요. 그게 계속 쌓이다 보면 본인의 재산이 돼서 한 분야를 잘하는 분들이 다른 카테고리도 잘할 수 있는 것 같아요. 공부 잘하는 애들이 다 잘한다고 하잖아요? 그것처럼 많은 노력이 필요합니다. 잡지도 꾸준하게 봐야 하고, 예능 프로, 드라마도 놓칠 수 없어요, 쇼핑호스트는 그 사이에 끼어 있는 사람들이기 때문에 트렌드를 알아야 해요. 요즘 방송에 태양의 후예가 인기니까 그 드라마의 방송 시간 앞뒤에 편성된 홈쇼핑 방송에 들어갈 때는 신경이 예민해지죠. 그때가 가장 시간 가치가 높을 때라서 잘해야 하거든요. 사람들이 TV 앞에 많이 있는 만큼 골든타임인지라 목표치가 높아져요. 그럼 홈쇼핑 방송할 때 그와 관련된 이야기들, 관심을 끌 수 있는 이야기들을 한 번이라도 더 언급하곤 하죠.

## Question 홈쇼핑에서 황금 시간대는 언제인가요?

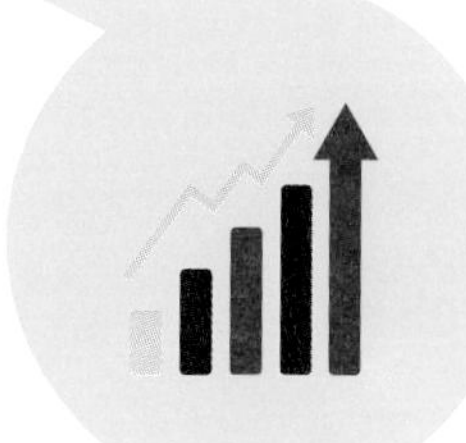

일단 홈쇼핑은 고객 연령대가 높습니다. 보통 40대 초반부터 50대 이상까지 바라보는 프로그램이기 때문에 어머님 고객층이 가정에 계신 시간이 가장 메인타임이라고 볼 수 있죠. 패션을 예로 들자면, 연세가 있으신 분들은 일찍 일어나시잖아요. 아웃도어 같은 경우는 아침 6시나 7시의 첫 번째 방송이나 두 번째 방송에 많이 편성이 되고, 상품에 따라 주 고객 연령대가 3~40대 정도라면 아이들을 학교에 보낸 후 나른하고 편할 시간인 오전 9시나 10시쯤에 방송을 합니다. 그 시간대가 패션 분야에서는 중요한 타임이에요. 그리고 10시, 22시 40분이 가장 메인타임이라고 할 수 있는데요, 그때가 되면 박빙이죠. 회사에서 주력하는 비싼 상품들이 많이 나와요. 비싼 상품이라는 건 가격이 비싼 상품이 아니라 목표 달성률이 높은 상품이에요. 또 상대적으로 젊은 연령층을 목표로 하는 상품일 경우, 퇴근 이후 20시 즈음 방송 편성을 합니다. 회사에서는 TV를 보기가 어려우니까요. 퇴근 시간에는 사람들이 이동하면서 애플리케이션으로라도 볼 수 있으니까 그때 20~30대 사람들이 선호하는 상품을 넣죠. 반면 그런 상품들은 금요일 밤이나 토요일 아침에는 놀러 가고, 자니까 방송이 잘 안 되고요.

식품은 아시다시피 점심, 저녁때 많이 방송해요. 오후 12시, 1시, 5시. 그리고 건강식품 같은 경우도 어르신들께서 많이 보시니까 아침에 많이 편성이 되는 편입니다.

그리고 회사마다 주력하는 상품들이 다르잖아요? NS홈쇼핑 같은 경우는 식품 주력의 방송이다 보니 기본적인 시간과 관계없이 늘 농수산 식품 상품을 방송하는 경우도 있는 거죠. 저희 CJ오쇼핑 같은 경우는 패션이 강세인 브랜드이기 때문에 패션 상품을 많이 방송하고요. 이처럼 전반적으로 사람들의 라이프동향을 다 고려해서 편성을 합니다.

## Question 쇼핑호스트가 된 것에 대해 주변 사람들의 반응은 어떤가요?

제 주위 사람들도 처음에는 신기해하면서 좋아했어요. 근데 이젠 다 익숙해진 것 같아요. 예전에는 '나 너 TV 나오는 거 봤어.'라며 연락이 왔는데, 지금은 문자도 안 와요. '오늘도 일하는구나.' 하나 봐요. 하하.

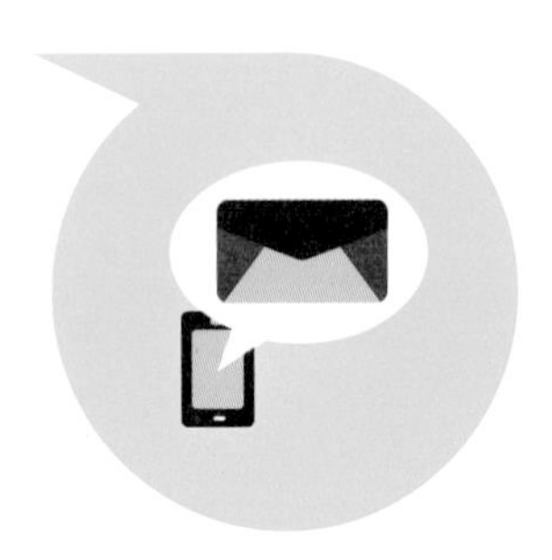

## Question 쇼핑호스트라는 직업의 좋은 점은 무엇인가요?

좋은 점은 여러 나라의 다양한 제품을 누구보다 빠르게 사용해 볼 수 있다는 것과 그와 더불어 제품과 관련된 많은 사람들을 만나고 그 속에서 다양한 경험을 할 수 있다는 거예요. 저는 지금 서른다섯 살인데요, 제 또래를 보면 많은 사람들이 여러 가지 이유로 패션이나 문화생활에 투자하는 데 여유롭지 못하더라고요. 한창 아이 키울 나이이기도 하고요. 첫째가 말문이 트일 즈음에 둘째를 낳고 정신이 없을 정도로 바쁠 때라서 친구도 만나기 어렵고 직장생활을 병행하는 것도 쉽지만은 않고요. 반면, 쇼핑호스트인 저는 카메라 앞에 서야 하기 때문에 피부 상태, 의상뿐만 아니라 메이크업, 헤어스타일, 헤어컬러까지 외모 관리를 게을리할 수가 없죠. 또, 많은 사람들과 어울려 일을 하니까 업무와 관련된 정보나 정치, 문화, 사회에 두루 관심을 가지게 돼요.

## Question 힘든점도 있나요?

힘든 점은 뒤처지면 안 된다는 강박 관념에 사로잡힐 만큼 경쟁이 치열하다는 거예요. 회사마다 다르긴 한데, 매출이 떨어지거나 평가가 낮게 나와도 몇 번씩 기회를 주는 회사들이 있는 반면, 칼같이 교체하는 회사들도 있어요.

예를 들면, 오늘 제가 휴대폰 방송을 진행했는데 앞서 진행한 쇼핑호스트의 매출이 예상치보다 낮아 제가 캐스팅되었죠. 제가 진행해서 매출이 더 잘 나오면 앞으로도 제가 그 상품을 진행할 수도 있고, 제가 잘해도 MD나 PD, 협력 업체 측에서 진행자를 바꾸자고 요구하면 다른 사람이 그 상품을 진행할 수도 있어요.

## Question 쇼핑호스트에게 어떤 자질이 필요할까요?

호기심이 많은 사람에게 적합해요. 그런 사람들은 상품에 대해 궁금한 게 많아 이것저것 공부하게 되죠. 왜 신상품이 나오면 '와 신상이다.'하고 묻지도 따지지도 않고 사는 사람도 있지만, 사기 전에 제품 스펙을 엄청 따져 보고 기존 제품보다 어떤 면에서 좋은지 일일이 비교 검색하고 사는 사람들이 있잖아요. 이렇게 호기심이 많은 사람이 홈쇼핑을 진행하게 되면 소비자

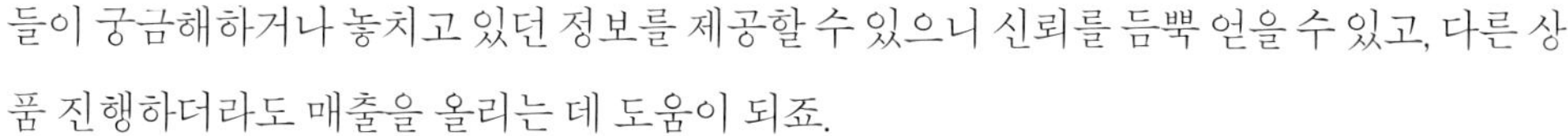

들이 궁금해하거나 놓치고 있던 정보를 제공할 수 있으니 신뢰를 듬뿍 얻을 수 있고, 다른 상품 진행하더라도 매출을 올리는 데 도움이 되죠.

## Question 새로 도전해 보고 싶은 분야가 있나요?

미용, 패션, 잡화, 레포츠 분야 등 현재는 제가 좋아하는 분야를 모두 진행하고 있어요. 새로 도전해 보고 싶은 분야가 있다면 보험이에요. 보험 상품을 방송하는 선배들이 어려운 약관들을 소비자들이 알아듣기 쉽게 똑소리 나도록 설명하는 것을 보면 멋있어 보이더라고요. 그래서 기회가 되면 자격증을 따서 보험 방송을 진행해 보고 싶어요.

## Question 열심히 일할 수 있는 힘은 어디서 오나요?

자신의 성격을 잘 들여다보면 할 일이 보이는 것 같아요. 뭔가 남 앞에서 드러내고, 말하는 걸 좋아하고 보여주는 걸 좋아하면 그와 관련된 길을 자기도 모르게 걷고 있을지도 몰라요. 저도 남 앞에 나서는 걸 무서워하지 않으니까 무용을 했겠죠? 쉽게 변하기보다 자신 그대로의 모습을 따라가게 되더라고요. 처음엔 좋아서 시작했다가 운이 좋으면 직업이 되기도 하는 거고, 거기에 잘하면 돈까지 벌 수도 있죠.

무엇보다, 경험이 쌓이는 만큼 두려움은 없어지는 것 같아요. 저도 어떤 과제를 받았을 때 덜컥 겁을 내면서 피하는 것보다 '일단 해 보지 뭐, 처음부터 잘할 수 있나? 한 번 경험이 쌓이면 두 번째는 더 잘할 수 있겠지.' 라고 생각하며 도전했죠. 지금도 늘 고민해요. '난 언제쯤 선배들처럼 안정감 있게 방송을 할 수 있을까?'하고요. 또 시작이 상대적으로 늦었기에 '나이가 이 정도면 좀 더 잘해야 하는 거 아닐까?'라는 생각이 스트레스가 되기도 해요. 그래도 경험 없이는 성장할 수 없다고 생각하기 때문에 그저 노력할 뿐이지요.

처음 사회생활을 시작하게 된 계기는 미스코리아 대회 출전이었고, 이를 통해 방송 리포터, MC, 아나운서로 활동하다가 현대홈쇼핑 1기 쇼핑호스트가 되었다. 이후 세일즈를 공부하기 위해 대학원에 진학하여 마케팅 전공으로 박사 학위를 받고, 현재는 25년 동안의 방송 경험을 바탕으로 책을 쓰며 대학, 기업체, 방송사에서 강연가로서 활동 중이다.

어려서부터 꾸준히 일기를 쓰며 자신을 돌아보는 성실함과 반 대표 등을 맡으며 솔선수범했던 적극성도 한 몫을 했지만, 주어진 일에는 두려움 없이 최선을 다하는 긍정적인 성격으로 새로운 기회들을 잡을 수 있었던 그녀는, 오늘도 새로운 분야를 향한 도전과 마주하는 기회를 통해 삶을 개척해 나가고 있다.

1992년 미스코리아 경남 미 입상을 시작으로 KBS 〈리포터, 21세기를 연다〉의 MC, 부산민영방송 아나운서, 현대홈쇼핑 〈정선혜의 스타일 제안, 뷰티 美&Me〉의 진행, CBS의 〈세상을 바꾸는 시간 15분〉의 강사, 기업체 전문 강연가로서 현재 다양한 분야에서 활동하고 있다.

---

## 현대홈쇼핑 쇼핑호스트
# 정선혜

- 현) 서울종합예술실용학교 방송 MC 쇼핑호스트 전공 겸임 교수, 기업 강연 전문 강사
- 현대홈쇼핑 1기 쇼핑호스트
- 1992년 미스코리아 선발대회 경남 미
- 중앙대학교 대학원 의류학 전공

# 쇼핑호스트의 스케줄

**정선혜**
현대홈쇼핑
쇼핑호스트의
**하루**

7:00~9:00
- 기상, 아침 식사 및 자녀들 등교 준비

9:00~11:00
- 운동, 독서, 방송 및 강의 준비

11:00~12:00
- 업체 등 업무 관련 미팅

12:00~18:00
- 대학교 및 기업체 강의, 강연, 방송 출연

18:00~20:00
- 가족과 함께 저녁 식사 혹은 기업체 CEO 과정 강연

20:00~22:00
- 자녀들 공부 및 독서 지도, 취침 준비

22:00~01:00
- 칼럼 원고 및 책 쓰기, 강연 준비

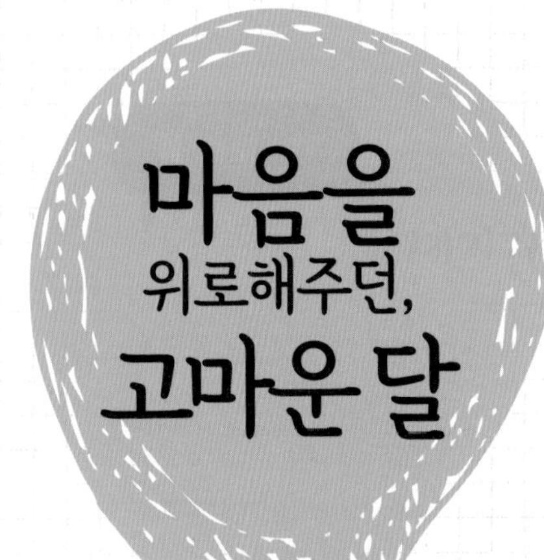

▶ 유치원 졸업 사진

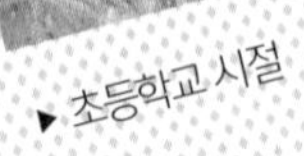

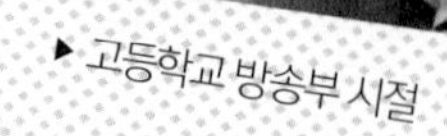

## Question 어린 시절을 어떻게 보냈나요?

저는 초등학교 때부터 키가 커서 줄을 서면 항상 맨 끝에 섰었죠. 체육대회에서 우승하고 돌아오는 선수단에게 학교 대표로 꽃다발을 전달하러 가기도 했고, 운동회 때는 선생님과 함께 앞에 나가서 시범을 보이기도 했어요. 제가 초등학생이었던 시절에는 '88 올림픽 꿈나무를 키우자'라는 신조 아래 체육을 장려하고 특기자를 육성했거든요. 그래서 5학년 때까지 육상 선수로 활동하며, 달리기, 높이뛰기, 멀리뛰기 종목의 학교 대표로 시도 대회에 나간 적도 있어요.

제 고향이 벚꽃 축제로 유명한 경남 진해인데, 중학교 땐 고적대 대장으로 뽑혀 퍼레이드를 하며 축제가 열리는 진해 시내를 다니기도 했고, 고등학교 때는 경쟁이 치열했던 방송반에 뽑혀 활동을 하기도 했어요.

## Question 학창 시절에 힘들었던 경험이 있나요?

중학교 2학년 때부터 가정 형편이 이래저래 많이 어려웠어요. 저희 아버지의 사업이 잘 안 돼서 회사가 부도나고, 엎친 데 덮친 격으로 저희가 살던 집에도 빨간 딱지가 붙으면서 하루아침에 단칸방으로 쫓겨났어요.

게다가 학교에서는 제일 친했던 친구가 어느 날부터 갑자기 저를 외면해서 이유도 모른 채 따돌림을 당하기도 했어요. 다행히 다른 친구 덕분에 그 힘든 중학교 시절을 견뎌 낼 수 있었어요.

고등학교 시절에는 아버지가 도피하듯이 호주로 가버리셨어요. 연락이 끊긴 3년 동안 엄마는 건강이 나빠져 누워 계셨고, 오빠들도 뿔뿔이 흩어져 지냈어요. 그렇게 스트레스를 받으니까 고2 때 편두통이 생기더라고요. 눈동자가 빠질 듯 아프고, 뒷목이 뻐근해지면서 몸이 마비되는 것 같아 약을 먹기 시작했는데, 약 때문에 잠이 와서 수업을 제대로 들을 수 없어 자연히 성적이 떨어지더라고요.

## Question 힘든 시절을 어떻게 이겨냈나요?

그나마 다행인 것은 낙천적인 성격 덕에 죽을 것처럼 힘들 때에도 한참 울고 나면 툴툴 털어버리게 되더라고요. '다 울었으니 이제 자자', '다 울었으니 이제 밥 먹자' 이렇게요. 또 밤하늘의 달을 보고 있으면 달이 제 마음을 알고 위로해 주는 것 같아 새로운 희망이 생기더라고요. 그때 함께해 준 것이 고마워 아직도 달이 좋아요.

한창 부모님의 보호와 관심이 필요할 나이에 그렇지 못하고 자랐어요. 아버지와의 추억을 떠올리면 다섯 개도 안 될 정도고, 매일 저에게 큰소리를 치시고, 살림을 부시고, 누워 계시던 것이 엄마에 대한 기억 전부예요. 오빠들도 옆에 없었고요. 그러니 나를 사랑할 사람은 제 자신뿐이었죠. 그럴 수 있었던 건 매일 쓴 일기 덕분이었어요. 초등학교 때부터 대학 때까지 꼬박꼬박 일기를 썼고, 그러면서 스스로 돌아보고, 성찰하고, 위로하기도 하면서 내가 가지고 싶은 것이나 장차 되고 싶은 모습에 대해서도 진지하게 생각해 볼 수 있었어요. 지금 어려움이 있는 친구들에게도, 어떠한 상황에 처하든지 자신을 사랑해야 한다는 말을 해 주고 싶어요. 자신만큼 자기를 사랑해 줄 사람은 없거든요.

## Question 진학할 때 전공은 어떻게 선택하게 되었나요?

고등학교 때 현실 도피를 위해 만화를 그렸어요. 그 당시 순정 만화 잡지들이 나오면서 여고생들 사이에 만화 붐이 일었는데, 저도 만화를 그리고 제본을 해서 책으로 냈어요. 그때 제가 웬만큼 그림을 그리니까 선생님께서 보시고 의류학과 진학을 추천하셨어요. 제가 목표로 했던 학과는 아니었지만, 장학금을 받을 수 있는 상황이라 선택하게 되었어요. 걱정했던 것과 달리 적성에 잘 맞았어요.

## Question 장래 희망은 무엇이었나요?

어렸을 땐 선생님, 만화가가 되는 게 꿈이었고, 대학에 진학해서는 전공과 관련 있는 디자이너가 되고 싶었어요. 부모님께서도 제가 교사를 하면 잘할 것 같다고 말씀하셨는데, 결국엔 강의를 하는 교수라는 직업을 갖게 되었네요. 사람들에게 무언가를 가르치는 직업이 저와 잘 맞고, 그렇기 때문에 보람도 큰 것 같아요.

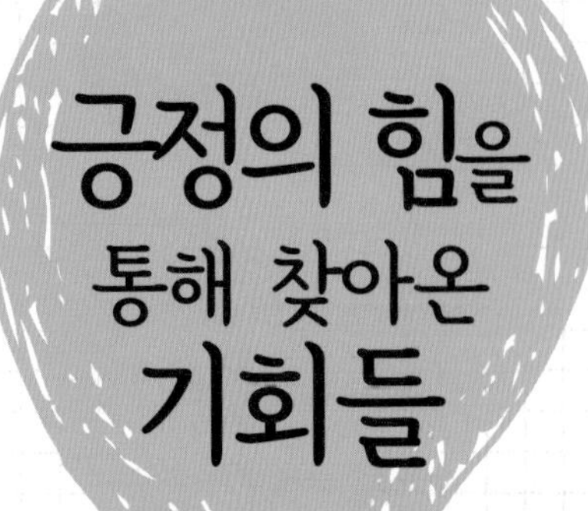

▶ 대학 시절 서예동아리 전시회에서

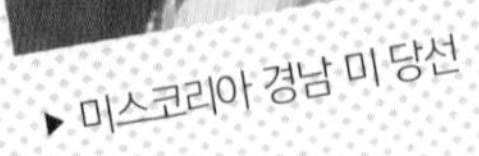

▶ 미스코리아 경남 미 당선

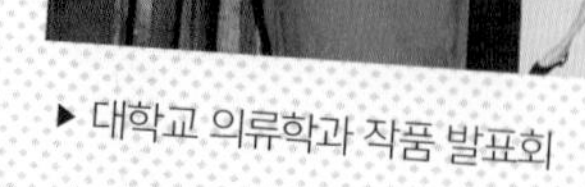

▶ 대학교 의류학과 작품 발표회

## Question 어떻게 방송 일을 시작하게 되셨나요?

▶ 1992년 미스코리아 경남 미

대학 때 저를 잘 챙겨 주고 도와주는 친구가 있었어요. 다음 학기 등록금 걱정을 하던 제게 그 친구가 종이를 한 장 들고 와서 내미는데 보니, 미스코리아 경남 대회 공고문이었어요. 운이 좋다면 상금을 받아 등록금을 낼 수 있겠다는 생각에 무작정 미용실에 갔는데, 생각보다 돈이 많이 들더라고요. 포기하고 자리에서 일어나는데 미용실 원장님이 대회 당일에 다시 와 보라고 하시는 거예요. 갔더니 가발도 씌워 주시고, 메이크업도 해주시고, 다른 사람들이 고르고 남은 드레스까지 챙겨 주셔서 대회에 나갔는데 운 좋게 미스 경남 미로 선발된 거죠. 본선 대회를 치르기 위해 서울에 와 보니 제가 너무 초라해 보였어요. 다른 사람들은 대회를 위해 만반의 준비를 해서 한껏 꾸미고 왔는데, 저는 엄마가 시장에서 사준 7만 원짜리 드레스를 입고 있으니 집에 돌아가고 싶더라고요. 그렇지만 '내가 살면서 언제 또 이렇게 좋은 곳에서 맛있는 거 먹고, 재미있는 시간을 보낼 수 있겠어. 마음 편히 놀다 가자.'라는 생각으로 재미있게 지냈어요.

그러던 어느 날 군부대로 위문 공연을 갔는데, 사회를 맡은 MC가 날씨 때문에 비행기가 뜨지 못해 못 온다는 거예요. 행사 관계자들이 갑자기 저를 부르더니 마이크를 주고는 사회를 보라고 하더라고요. 제가 참가자들의 이름도 다 알고, 어떤 팀에서 어떤 공연 준비했는지도 다 알고 있어서 저에게 맡긴 거라고 하더군요. 그 일을 계기로 합숙하는 내내 행사 때마다 제가 사회를 보게 되었고, 그때 알던 분이 KBS에서 리포터로 일할 수 있도록 소개해 주셔서 방송 일을 시작할 수 있었어요.

## Question 기회를 얻기 위해 필요한 건 무엇일까요?

제 삶에서 가장 큰 선물은 저의 긍정적이고, 낙천적인 성격이라고 생각해요. 저의 이런 성격이 많은 길을 열어준 것 같아요. 일반인이나 청소년들이 참여할 수 있는 크고 작은 행사나 캠프들이 많잖아요. 그런 곳에서 앞에 나가 발표를 해야 하거나 팀을 이끌어야 하는 상황이 되었을 때는 망설이지 말고 하면 좋겠어요. '내가 이 일을 하면 어디에 도움이 되겠지.' 라고 계산하지 말고 해 보세요. 첫 번째로는 추억이 되고, 두 번째로는 경험이 됩니다. 그것만으로도 충분히 가치가 있다고 생각해요. 운이 좋으면 그 추억과 경험을 통해 기회가 오기도 합니다.

## Question 대학을 졸업하면서 생긴 진로에 대한 고민은 무엇이었나요?

▸ 리포터 활동 당시 프로필

저는 대학을 다니면서 동시에 방송 리포터로 활동했어요. 졸업반 때도 낮에는 서울에서 방송 촬영을 하고, 밤에는 진해로 내려가 밤을 새우며 졸업 작품을 준비하고, 다시 서울에 올라가 촬영하고 다시 진해로 내려오는 생활을 반복하면서 무척 힘이 들었지만, 대학 졸업장이 없으면 사회에 나가서 아무것도 못 하겠다는 생각이 들어 열심히 학점을 채웠어요. 저에게 가장 힘이 되었던 말은 '지금 할 수 있는 일에 최선을 다해야 한다'였죠.

그때 졸업 후에 '디자이너가 될 것인가, 계속 방송을 할 것인가'로 한창 고민 중이었는데, 결론적으로 디자이너는 나이가 들어서도 할 수 있겠다는 생각이 든 반면, 방송 일은 지금 아니면 못할 수도 있겠다는 생각에 방송을 선택하게 됐습니다. 마침 운이 좋게도 부산의 지역 방송국에서 아침 방송 MC를 제안해 와서 매일 아침 프로그램을 진행하며 무사히 졸업할 수 있었죠. 졸업 후엔 그 경력을 바탕으로 서울에 와서 다시 리포터 일을 할 수 있었습니다.

## Question 쇼핑호스트를 하게 된 계기가 있었나요?

프리랜서로 리포터 활동을 하다 보니 처음에는 일이 별로 없었는데, 점점 많아지더라고요. 한 번은 중국으로 출장 가서 촬영하는 일이 들어왔어요. 열흘 정도 다녀오면 10회 방송 분량을 찍어올 수 있다고 해서 갔는데, 거기서 평생에 한 번 겪기도 어려운 큰 교통사고를 두 번이나 겪게 되었어요. 촬영 결과도 좋지 않았고, 몸과 마음도 피폐해졌죠.

그즈음 디자인 관련 마케팅을 공부하기 위해 의류학과 패션마케팅 대학원에 다니고 있었는데, 리포터 일을 평생 할 수 있는 것도 아니니 '방송 일과 마케팅을 접목해서 할 수 있는 일이 뭐가 있을까?'하고 고민했죠. 마침 알고 지내던 PD가 쇼핑호스트라는 직업을 추천해 주셨고, 제가 찾던 일이라는 생각이 들어 쇼핑호스트 일을 시작하게 됐습니다.

▸ 리포터 중국 출장

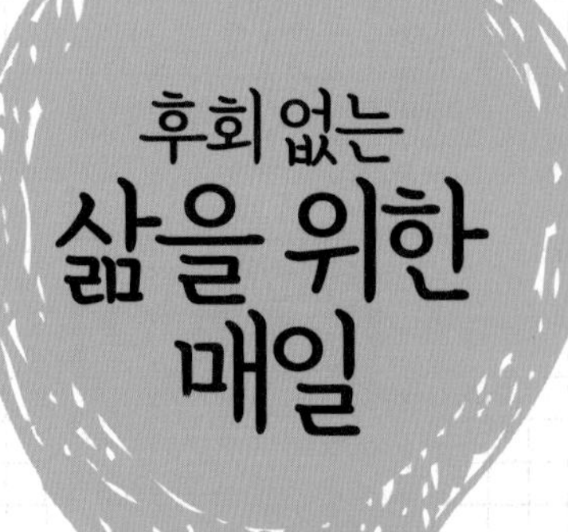

▶ 홈쇼핑 속옷 방송

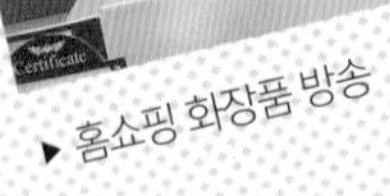

▶ 홈쇼핑 화장품 방송

▶ SBS 방송 특강

## Question 쇼핑호스트란 어떤 직업인가요?

쇼핑호스트는 방송을 통해 자신의 일상을 공유할 수 있는 유일한 직업이라고 생각합니다. 아나운서나 리포터, 개그맨이나 가수, 탤런트 등의 방송인들은 드라마나 예능, 오락 프로그램에 출연하기는 하지만, 방송을 통해 자신의 일상생활을 표출하기가 쉽지 않잖아요. 하지만 쇼핑호스트는 방송의 화려함 속에서 정갈한 모습만 보이는 것이 아니라 생활용품을 사용하거나 음식을 먹거나 운동을 하는 등 일상의 모습을 편안하게 표출해야 소비자의 공감대를 이끌어 내고 구매로 이어지게 할 수 있어요. 그래서 쇼핑호스트는 방송의 화려함과 일상의 평범함을 함께 누릴 수 있는 유일한 직업이라고 생각을 해요.

## Question 쇼핑호스트에게 필요한 자질은 무엇인가요?

우선 쇼핑호스트는 상품에 대한 철저한 사전 조사뿐만 아니라 시장 동향과 개인의 소비심리에 대해 연구하며 방송을 어떻게 진행할지에 대해 구상하는 하는 세일즈 마인드가 있어야 해요.

또, 방송을 통해서 상품에 대한 정보를 제공하고 소비자들이 상품을 구매하도록 유도하는 데 도움이 되는 세련된 방송 매너가 있어야 합니다. 쇼핑호스트가 상품을 어떤 모습으로, 어떻게 설명하느냐에 따라 상품의 가치가 달라지기도 하고요, 시청자들은 방송에 나오는 쇼핑호스트들을 연예인과 비교해서 평가하기 때문에 소비자들의 시선을 잡기 위해서는 어휘, 발성, 표준어 사용, 카메라를 보는 시선 처리, 상품을 다루는 제스처 등의 세련된 방송 매너를 갖추는 것이 중요합니다.

그리고 가장 중요한 것은 임기응변이나 순발력이 뛰어나야 합니다. 홈쇼핑 방송은 대부분 생방송으로 진행이 되고, 게스트와 함께 상품을 설명하다가도 제품의 구조, 모델의 시연, 자료 화면 등 바뀌는 방송 화면에 맞춰서 설명을 해야 하기 때문에 순발력이 뛰어나지 않으면 진행이 매끄럽지 않고, 시청자들

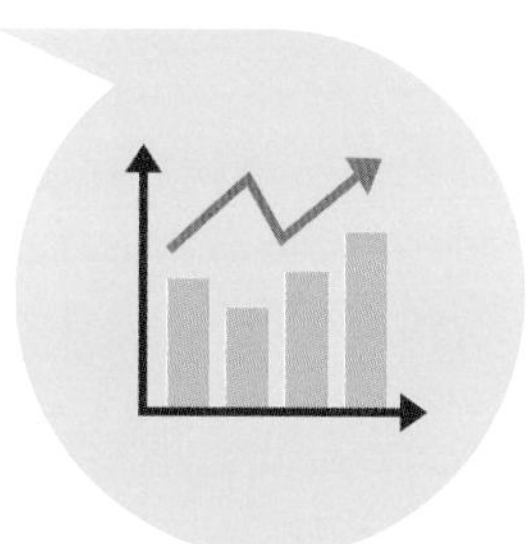

의 몰입도를 떨어트리게 되죠. 소비자의 시선을 잡지 못하면 그 상품의 판매율은 떨어질 수 밖에 없어요. 배우가 연기를 못하면 드라마에 몰입도가 떨어져 시청률이 낮아지는 것처럼 홈쇼핑도 마찬가지입니다. 그래서 순발력, 임기응변과 관련된 직군에 있다가 들어온 사람들이 빨리 적응하는 경우가 많습니다.

## Question 이 직업의 장점은 무엇인가요?

장점은 나이가 들어서도 할 수 있는 직업이라는 겁니다. 나이가 들고, 점점 더 연륜이 쌓일수록 빛이 나는 직업인 건 분명해요. 그래서 저는 쇼핑호스트가 되고 싶다는 어린 친구들에게 대학을 졸업하자마자 하려고 하지 말고 20대 초엔 쇼핑호스트와 연관된 다른 직업을 가져보고 20대 후반에 도전해도 늦지 않다고 이야기합니다. 20대 후반부터 30대 초반이 회사에서 가장 선호하는 연령대이기도 하고, 회사에서도 다양한 경력과 경험을 가진 사람들을 선호합니다. 회사에서 판매하고자 하는 다양한 상품들을 누구보다 빨리 사용해 볼 수 있는 것도 또 하나의 장점이죠.

▸ 홈쇼핑 패션 방송

## Question 그렇다면 쇼핑호스트를 하면서 불편한 점도 있나요?

단점은 근무 시간이 들쭉날쭉 일정하지 않다는 거예요. 아이를 기르는 주부 쇼핑호스트들은 매번 아침 9시에 출근해서 6시에 퇴근해야 하는 붙박이 근무보다 좋다고 하기도 하죠.

하지만 이른 아침에 방송을 하는 날은 새벽 3시에 출근하기도 했다가 마지막 시간에 방송하는 날은 새벽 2시에 끝날 때도 있어 공부를 하거나 집안 행사 등의 정해진 일에 시간을 내기가 어렵고 무엇보다 체력 소모가 심해 건강이 쉽게 나빠져요. 또 전날에 갑자기 방송 시간이 잡히거나 밀리기도 해서 그렇게 되면 회의 시간도 급하게 조정해야 하기 때문에 개인적인 스케줄을 잡았다가도 깨야 하는 상황도 생겨 약속을 잡거나 인간관계를 하는 데 어려워요.

그리고 또 하나는 시간에 대한 강박 관념이 생기고, 회사에서 호출이 오면 불안해요. '어? 내가 잊어버리고 회의에 안 갔나? 내가 방송 시간을 까먹고 있었나?' 이런 조바심을 항상 가지고 있어요. 그래서 휴대폰을 손에서 뗄 수가 없어요.

## Question 회사에 입사하면 바로 방송을 할 수 있나요?

회사마다 차이가 있지만, 최종 합격을 하면 기본적으로 3~6개월 정도 인턴 과정을 거칩니다. 이 기간에는 방송에 투입되지 않는 상태에서 회사의 커리큘럼으로 공부하고 연습하여 테스트를 받습니다. 그 후에 방송에 투입되는데, 처음에는 여러 분야를 돌아가면서 일주일에 한 프로그램 정도 진행하며 방송 경험을 해 봅니다. 타 직종의 회사원들도 인턴 과정 때에는 다양한 부서의 업무를 경험해 보는 것처럼 쇼핑호스트들도 식품, 건강, 패션, 미용 등 분야별로 방송을 해 보면서 어떤 파트가 자기에게 맞는지, 분야별 방송 특징은 어떠한지 알게 됩니다. 그렇게 자신과 잘 맞는 분야를 찾게 되면 그와 관련된 것을 주로 방송하게 됩니다.

## Question 방송하는 시간 외에는 어떤 일을 하나요?

첫 번째로는 모니터를 합니다. 타 방송사나 다른 상품을 진행하는 쇼핑호스트의 방송을 모니터하면서 제가 하는 방송과의 차이점도 발견하고, 다른 쇼핑호스트가 상품을 설명하는 방법이나 최근 판매율이 높은 상품들의 인기 요인 등에 대해 연구합니다.

두 번째로는 다음 방송을 준비해요. 방송 날짜를 정하고 담당 MD, PD 그리고 업체 관계자들과 함께 상품 방송에 대한 회의 등을 합니다. 그뿐만 아니라 백화점이나 수산시장, 재래시장 등으로 시장 조사도 나가기도 하고, 상품에 대한 이해가 필요한 경우에는 상품을 만드는 공장으로 견학을 가기도 합니다. 또, 인터넷을 통해 비슷한 상품에는 어떤 것이 있는지, 소비자들의 반응은 어떤지 찾아보기도 하면서 상품과 방송에 대해 준비합니다.

## Question 순발력이나 임기응변을 기르기 위해 어떤 노력이 필요한가요?

선천적으로 타고나기도 하지만, 꾸준하게 노력하는 것이 중요해요. 처음엔 힘들어했지만 몇 년씩 꾸준히 노력하고, 방송 경험을 쌓다 보니 자연스럽게 실력이 늘어 잘하는 사람이 많거든요. 꾸준하게 연습하는 사람에게는 이길 장사가 없어요.

빠르게 순발력을 기르고 싶다면, 피하지 말고 경험할 수 있는 상황을 직접 만들어야 해요. 예를 들면, 남대문 시장같이 많은 사람을 상대하는 곳에서 물건을 팔아보거나 흥정하는 것도 큰 경험이 되죠. 세일즈 능력이나 순발력은 경험에서 나오는 것이기 때문에 차근차근 경험을 쌓는 것이 중요해요.

## Question 좌우명이 있다면 소개해 주세요.

제 좌우명 중 하나는 '죽을 때 웃으면서 죽자.'예요. 후회 없는 인생을 살고 싶다는 뜻이죠. 10대 때부터 가지고 있던 좌우명이에요. 초등학교 5학년 때 선생님께서 사람이 나이 마흔 살이 지나면 살아온 날들이 얼굴에 고스란히 보이기 때문에 본인 얼굴에 책임져야 한다고 하셨어요. 그땐 링컨 대통령이 한 말인지도 몰랐는데, 제 가슴에 와 닿더라고요. 내가 내 얼굴을 책임지려면 '후회 없는 삶'을 살아야겠다는 생각을 하게 됐고, 10년 단위로 계획을 세웠어요. 10대 때는 열심히 공부하기, 20대 때는 다양한 경험을 해 보기, 30대 때는 한 분야의 전문인이 되기, 40대 때는 일하는 분야에서 최고라는 소리 듣기, 50대 때는 후학을 양성하기였어요. 인생은 60세부터라는 말이 있으니, 예순이 되면 새로운 걸 시도해 보자는 계획을 세웠어요. 그래서 이 계획과 좌우명을 실천하기 위해 그때 할 수 있는 일에 최선을 다하자는 또 다른 좌우명이 생겼고, 그렇게 살아가고 있습니다.

▶ <세상을 바꾸는 시간 15분> 강연

"주변에 함께하는 사람들이 정말 중요해요."

최유석 쇼핑호스드는 초등학교 1학년, 우연한 기회에 출연한 라디오 방송을 계기로 마음에 꿈의 씨앗을 심는다. 이후 성장하면서 선생님, 가족, 친구들의 도움 덕에 긍정적으로 성장할 수 있었고 쇼핑호스트에 이르기까지도 그 작용은 반복돼 이어졌다.

아나운서 시험으로 시작했지만 그는 현재 그간의 경험을 바탕으로 시청자와 상품을 이어주는 쇼핑호스트가 되어 목표보다 과정을 중요시하며 여전히 성장 궤도를 달리고 있다.

현대홈쇼핑 쇼핑호스트를 시작으로, 몇 해 전부터는 생방송이 아닌 상품에 좀 더 충실하여 설명할 수 있는 신개념 채널인 티커머스 시장에서 새로운 도전들을 이어가고 있다.

신세계 T-커머스 쇼핑호스트

# 최유석

- 현) 신세계쇼핑(T-commerce) 쇼핑호스트
- K쇼핑(T-commerce) 쇼핑호스트
- 현대홈쇼핑 쇼핑호스트
- 한국경제TV, RTV, 고뉴스TV 아나운서
- SK, STX, 풀무원 사내 방송 아나운서
- 숭실대학교 정치외교학과 졸업

# 쇼핑호스트의 스케줄

**최유석**
신세계쇼핑
쇼핑호스트의
**하루**

07:30~09:30
▸ 아침 식사 및 출근

09:30~11:30
▸ 분장 및 방송 준비
11:30~13:00
▸ 리허설 및 녹화
(여행 상품)

14:00~15:00
▸ 방송 제작 회의(남성 속옷)
15:00~16:00
▸ 방송 제작 회의(레포츠 셔츠)
16:00~17:00
▸ 방송 제작 회의(남성 셔츠)

17:00~20:00
▸ 자기개발 및 휴식

20:00~22:00
▸ 가족과 함께

22:00~23:00
▸ 하루 일과 정리
23:00~07:00
▸ 수면

# 무엇보다 큰 응원이 된 선생님의 칭찬

▶ 어렸을 적 산에서

▶ 장난기 가득했던 학창 시절

▶ 어렸을 적 모습

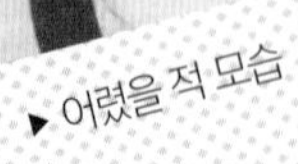

▶ 친구들과 보낸 즐거운 시간

Question **간단한 자기소개 부탁드립니다.**

저는 최유석이라고 합니다. 2009년에 현대홈쇼핑 쇼핑호스트로 입사해서 2013년까지 근무했고요. 그 이후에는 티커머스 분야의 K쇼핑에서 1년 정도 있다, 작년부터는 현재 신세계쇼핑 티커머스 쇼핑호스트로 있습니다.

Question **학창시절은 어땠나요?**

저는 아버지가 목사님이셔서 목회자 가정에서 자랐어요. 아무래도 종교인으로 생활하시다보니 부유한 가정은 아니었지만, 부모님의 큰 사랑을 받고 자랐습니다. 바른 생활 사나이처럼 사람들에게 지적받지 않도록 많이 노력하면서 살았던 것 같아요. 그렇다고 공부를 잘한 건 아니었고 평범한 수준의 학업성적에, 무난하게 친구들하고 두루두루 잘 어울리는 스타일이었어요.

Question **진로를 결정하는데 영향을 준 사람은 누구인가요?**

어렸을 때를 돌아보면 저는 선생님들을 너무 잘 만난 것 같아요. 초등학교 1학년 때 저희 담임선생님은 말하기·듣기 과목의 내용을 가지고 일주일에 한 번씩 EBS에서 라디오 방송을 하시던 분이었어요. 그 선생님께서 저를 좋게 봐주셔서 방송에 저를 데리고 출연하시기 시작한 거예요. 멘트가 적힌 대본을 가지고 프로그램을 진행했는데 너무 재밌었죠. 갑작스럽게 다가온 기회였고, 그 과정 자체가 정말 재미있었어요. 참여한 프로그램을 방송을 통해서 다시 봤을 때 설레는 느낌도 있었고요. 1년 정도 하면서 방송인이라는 꿈의 씨앗을 처음 품었던 것 같아요. 새로운 세계가 있다는 것도 알았고 배운 것도 많았던 시기였죠.

그리고 어린 시절 선생님들께서 해주신 칭찬 한 마디 한 마디가 다 기억나요. 초등학교 때 글짓기 대회를 했을 때 어린왕자를 읽고 쓴 독후감을 보시고 선생님께서 "너만의 주장을 세워 설득력 있게 잘 풀어냈네. 느낀 점도 참신하게 썼고. 너는 앞으로 글을 쓰면 참 잘할 것 같아."라는 칭찬을 해주셨어요. 고등학교 때도 화법 선생님이 계셨는데, 조별로 토론을 해서 실기평가를 하는 수업에서 제가 사회자 역할을 했어요. 그때도 선생님이 칭찬을 정말 많이 해주셨어요. 그 선생님이 굉장히 무뚝뚝하고 학생들이랑 친한 분은 아니었는데 저한테 늘 소질이 있다고 말씀해주셨거든요. 선생님들께서 해주신 말들을 그때는 그냥 흘려들었던 것 같은데 뒤 돌아 생각해보니 제가 지금 서 있는 길을 걸어가는 데 결정적인 토대가 된 것 같아요.

## Question 공부에 대한 기억은 어땠나요?

고등학교 때는 집안 형편도 넉넉지 않고 IMF금융위기도 왔어요. 누나도 해외유학을 가 있는 상황이라 저는 학원에 다니거나 과외를 하지 못했죠. 그때는 선생님들이 저를 불러서 문제집을 다 챙겨주셨어요. 그 참고서와 문제집으로 공부했었죠.

▶ 친구들과 찍은 단체사진

또, 친구 중에 정말 괴팍한 친구가 한명 있었거든요. 공부를 잘하는 친구였는데 사람들과 관계를 잘하지 못해서 다른 친구들과는 거의 어울리지 못했어요. 우연히 그 친구와 친해지게 됐는데 고3 때 계속 짝을 하면서 서로 도와주었던 기억이 나요. 그 친구가 공부는 잘하지만 성실함이 부족해서  열심히 공부할 수 있도록 제가 도움을 주고, 그 친구는 제가 잘 모르는 문제나 이해가 필요한 부분을 가르쳐주면서 둘이 서로 시너지를 낼 수 있는 친구 사이가 됐어요. 결국, 그 친구는 서울대학교 법대에 합격했고 저도 성적을 많이 올려서 숭실대학교에 입학할 수 있었죠.

## Question 정치외교학과에 진학한 이유가 있나요?

큰 이유는 없었고 단순히 재밌고 멋있어 보였어요. 정치나 사회에 대해 배우는 것에 관심이 있었고, 뉴스를 보거나 신문을 읽는 게 좋았어요. 취업이나 취직할 것에 맞춰서 학과를 선택하고 싶지 않았고, 정말 내가 궁금한 것들과 알고 싶은 것들을 배우고 싶었습니다. 사회에 대한 이야기들, 사회와 세상이 돌아가는 시스템, 사람들은 어떻게 살아가는지와 같은 것들이 궁금해서 선택한 것이 정치외교학과였죠. 대학에 입학해서도 전공 수업 외에도 사회학 수업이라든지, 철학, 종교학, 예술 수업 등 정말 배우고 싶은 과목을 골라서 열심히 들었어요. 졸업할 때는 내가 배운 거 가지고 대체 뭐 해먹고 살 수 있을지 고민을 했지만, 대학 시절만큼은 다양한 것들을 생각해보고 많이 배웠어요. 세계를 보는 가치관이나 저만의 철학을 세우는 데 도움이 많이 됐고요. 그때 배운 것들이 모두 저에게 탄탄한 자산이 되었다고 생각합니다. 직접적인 기술은 아니기 때문에 그로 인해 무언가 능력이 향상되었다고 짚어 말 할 수 없지만 저한테는 정말 큰 힘이 되었다고 생각해요.

## Question 학과 선택 시 부모님의 반응은 어땠나요?

물론 저희 아버지께서는 일을 전문적으로 배워 연관된 직업을 가질 수 있는 학과에 진학하는 것을 원하셨어요. 그러나 강요하시진 않으셨답니다. "네가 할 수 있는 하고 싶은 것들 한번 해보고, 후에 아니라는 생각이 들면 그때 부모님이 원하는 것도 한번 도전해봐라." 라고 말씀하셨어요. 부모님의 생각을 강요하셨다면 오히려 저는 더 삐뚤어진 마음으로 반항하고 싶었을 텐데 공부만 강조하시지도, 더 잘해야 한다고 스트레스를 주지도 않으셨죠.

## Question 대학 시절 기억에 남는 활동이 있나요?

▸ 친구들과 함께 간 정동진 여행

대학 시절 합창단 활동을 했던 것이 가장 기억에 남네요. 제가 다녔던 대학교가 기독교 학교라서 매주 채플 시간이 있었는데, 그때 합창 시간을 위해 매주 두세 시간씩 연습을 했어야 했죠. 방학 땐 합숙 훈련까지 하면서 정말 눈 뜨면 노래하고, 밥 먹고 또 노래하고 그렇게 2주 동안 밤새도록 노래만 했어요. 하하. 발성을 집중적으로 훈련했는데 지금 생각해보면 그때의 훈련과 연습이 지금의 발성과 발음에 정말 큰 도움이 된 것 같아요. 가장 기본적인 것들을 몸에 자연스럽게 익혔다고 할까요? 상품을 어떻게 판매하고 보여줄지에 대한 기술적인 요소들은 요령이기 때문에 학원이나 멘토를 통해서 배우면 금방 습득할 수 있고 지식으로 이해할 수도 있죠. 그런데 정말 기본적인 것들은 하루아침에 바뀌지 않거든요. 순발력, 태도, 발성, 발음 등은 피나는 노력이 필요합니다. 저는 합창단원으로 밤낮 연습했던 그 시간 덕분에 지금 방송인으로서 살아가는 데에 큰 자산이 생겼네요.

## Question 대학 졸업 시 진로에 대한 고민이 있었나요?

'나는 무슨 일을 해야 할까, 어떤 사람이 돼야 할까.' 에 대한 정확한 답과 목표는 없었어요. 정치외교학과에 다니면서 '내가 뭘 해야 하지?' 고민하면서 '나는 일반 회사를 가서 일 할 수 있는 사람은 아닌 것 같다. 정치외교학과에서 배운 것과 연관된 일을 해보고 싶은데 기자가 될까? 언론사에서 일을 해볼까? 공무원 시험을 볼까?' 이렇게 막연하게 생각했습니다. 어쩔 수 없이 남들처럼 똑같은 길을 가야 하나 하고 생각도 했죠. 대학을 졸업할 때까지는 진로에 대한 큰 걱정이 없었어요. 졸업 후에 바로 ROTC 학군 장교로 군대를 가기로 정했으니까요. 군 생활을 하면서야 비로소, 제대를 하면 학교가 아닌 사회로 복귀해야 하니 무슨 일을 해야 할지 고민하기 시작했습니다.

## Question 첫 직업을 선택하게 된 계기는 뭔가요?

군대에서 제 후임 중 방송 동아리에 있던 중앙대 신문방송학과를 졸업한 친구가 있었어요. 어느 날 둘이 같이 TV를 보고 있는데 아나운서들이 나오는 예능 프로그램을 재밌게 보다가 그 친구가 저한테 아나운서가 되고 싶은 생각은 없는지 물어보더라고요. "하면 너무 좋지, 방송하고. 재밌을 것 같은데?" 라 대답하니, 제가 아나운서라는 직업이 잘 맞을 것 같다고 했어요. 방송동아리를 했기 때문에 주변에 아나운서 친구도 많고, 본인도 시험을 잠깐 준비했었다고 하더라고요. 그러더니 제가 시험을 보면 잘될 것 같다며 계획도 세워줬어요. 지금부터 어떤 교육을 받아야 하고, 많은 방송 아카데미 중 어느 아카데미에서 어떤 선생님 만나 상담을 한번 받아보면 좋을지까지 세세하게 말이에요. 그리고 필기시험을 대비해서 따놓아야 할 점수들과, 공부해 두어야 하는 리스트까지 구체적인 계획을 짜주더라고요. 과연 이 길을 선택해도 잘할 수 있을지 정말 고민하고 있었는데 그 친구가 옆에서 잘될 수 있다고 용기를 북돋워 주어 '한번 해보고 싶다, 할 수 있을 것 같다'는 마음이 들더라고요. 그래서 그 때부터 조금씩 아나운서 시험을 준비했죠. 덕분에 제대하고 나서 아나운서 일을 할 수 있게 되었어요.

▸ 군 생활을 함께 했던 친구와 함께

▸ 프리랜서 아나운서 시절 원더걸스와 함께

▶ 티커머스 여행가방 촬영

▶ 티커머스 디지털카메라 방송

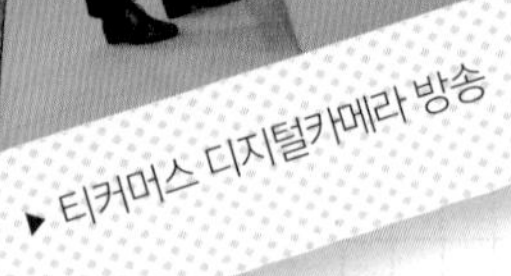

▶ 티커머스 아웃도어 촬영

## Question 아나운서로 활동하시다가 쇼핑호스트가 된 계기는 무엇인가요?

2년 정도 아나운서, 리포터, MC로 많은 방송을 했었어요. 목표는 지상파 방송국인 KBS, MBC에 입사하는 것이어서 프리랜서 아나운서로 일하는 동시에 지상파 방송 공채 시험도 계속 준비했죠. 그런데 그때가 2008년도 미국에서 경제 위기가 오면서 방송사에서 채용도 안 할 뿐더러 직원들도 정리해고하던 시기였거든요. 한 해 채용하는 아나운서가 전체 1~2명이었어요. KBS에서 남자 아나운서만 한 명 뽑고 다른 방송사는 아예 시험 자체가 없기도 했죠. 수많은 지원자들 중 1등을 하는 것도 너무 힘든데 기회 자체도 없으니 참 힘든 시기를 보냈습니다. 프리랜서 아나운서로 활동하고 있었기 때문에 나름 일은 했지만 제가 원하는 지상파 방송국으로 갈 수 있는 여건 자체가 안되었으니까요.

▸ 프리랜서 아나운서 시절

그러던 중 저를 좋게 봐주시며 많이 도와주셨던 한 아카데미의 사무장님이 "쇼핑호스트라는 직업이 있는데 지금 사람을 뽑는다. 네가 거기 시험을 봤으면 좋겠다."하고 말씀하시는 거예요. 저는 그때까지 홈쇼핑은 잘 보지도 않았고, 쇼핑호스트가 되고 싶다는 생각을 가진 적조차 없었어요. 쇼핑호스트 중에서 누가 유명하고, 어떤 일을 하는지 구체적으로 알지도 못했고요. 지금까지 전혀 다른 세상만 생각하고 살아왔는데 쇼핑호스트 시험을 보라 권유하니 처음엔 내키진 않았어요. 그러나 "네가 쇼핑호스트가 되고 안 되고의 문제가 아니라, 지금 아나운서 시험이 너무 없으니까 실기랑 면접을 대비하는 차원에서 경험 삼아서라도 시험을 한 번 봐라."라고 말씀하시더라고요. 생각해보니 그 말이 맞기도 해서 그냥 별 기대 없이 시험을 봤어요. 근데 첫 시험에 합격해버린 거죠. 쇼핑호스트에 대해 아무것도 모르는 상태에서 말이에요.

## Question 새로운 길을 열어준 것도 인연 덕분이네요.

지금까지를 돌아보면 제가 주도적으로 결정하고 실천해서 꿈을 이뤘다기보다 좋은 사람들을 참 많이 만났고, 그들의 권유로 인해 제 인생이 좋은 방향으로 흘러온 것 같아요. 그 사람은 친구였을 때도 있고, 선생님이었을 때도 있고요. 지금은 쇼핑호스트 생활에 너무 만족하고, 배우는 것도 많고, 하고 싶은 새로운 비전들도 새롭게 생겼어요. 무엇보다 재미도 있고요. 참 다행이라는 생각이 들어요.

## Question 티커머스(T-commerce)는 무엇인가요?

대부분 라이브로 이루어지는 일반 TV홈쇼핑은 콘서트 공연과 같다고 볼 수 있어요. 실시간으로 관객들과 소통하면서 무언가를 보여주는 거죠. 제가 어떤 멘트를 할 때, 사람들의 반응이 수치로 콜 그래프에 즉각적으로 나타나요. 바로 피드백을 볼 수 있다는 쾌감이 있죠.

반면 티커머스는 잘 만들어진 음반이라 할 수 있어요. 라이브 방송의 경우 실시간으로 사람들과 소통하거나, 그 날의 날씨와 이슈를 얘기할 수 있는데, 티커머스는 기본적으로 녹화방송을 하기 때문에  한 번 녹화를 해놓으면 언제, 어느 시간대에 그 녹화본이 나갈지 알 수가 없습니다. 그래서 날씨나 이슈에 대한 멘트는 할 수 없죠. 대신 그 상품에 대해서 정확하게 소개하고 상품 본연에 대해서 집중해 잘 설명해줄 수 있는, 라이브 방송보다 정돈된 방송입니다. 음반을 하나하나씩 잘 만드는 거라고 볼 수 있죠. 그것들을 가지고 상품들을 시기적절하게 TV를 통해서 혹은 모바일을 통해서 노출하는 거예요. 이런 시스템이 티커머스입니다.

## Question 티커머스는 쇼핑호스트가 설명하는 방식도 다르겠네요?

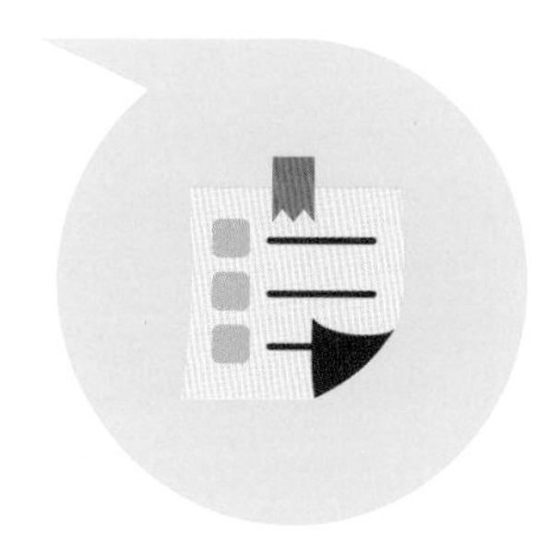

그렇죠. 보통 라이브홈쇼핑 같은 경우에는 고객이 목적성을 가지고 구매하기보다는 우연히 상품을 구입하는 경우가 많거든요. 채널을 돌리다가 '어 옷을 파는데 괜찮아 보이네?' 하고요. 사실 그분에게 꼭 필요한 건 아닐 수 있거든요. 방송에서 쇼핑호스트 말을 듣다 보니 설득을 당해서 갑자기 사게 되는 경우도 생기죠. 격식 있게 말하면 비목적 구매인 거고, 약간 부정적으로 말하자면 충동구매인 거죠.

하지만 티커머스는 상품에 대한 설명을 모두 영상으로 만들어두기 때문에 정보 전달 차원에서 설명을 더 자세히 합니다. 그래서 고객이 상품을 구매할 경우, 목적구매가 될 수 있어요. 예를 들어 신세계 쇼핑의 어떤 상품이 궁금해서 그 상품을 검색했을 때, 웹이나 모바일 사이트의 상품 페이지에 영상이 첨부되어 있어서 단순히 글이나 그림으로 읽고 보는 것이 아니라, 쇼핑호스트로부터 설명을 친절하게 받을 수 있는 거죠. 라이브쇼핑이 정해진 시간에 사람들을 설득하는 것이 핵심이라면 티커머스는 그보다는 조금 더 상품에 충실해서, 정확하게 이 상품의 본질을 알려주는 것이 더 중요합니다.

▸ 티커머스 선글라스 제품 방송 촬영 중

## Question 티커머스 채널은 많이 있나요?

8개 정도 채널이 있습니다. 순수하게 티커머스만 하는 곳이 4~5개, 기존 라이브회사에서 티커머스 까지 같이 하는 경우까지 포함하면 총 8~9개입니다. 예전에는 5개 채널의 회사가 아니면 쇼핑호스트 라는 직업을 가질 수 없었는데, 홈쇼핑이 생긴 지 20년 정도 되면서 지금까지 폭발적인 성장을 했어요. 지금은 2개 채널이 더 생겨서 7개의 라이브 채널이 있고요. 티커머스는 모바일, IPTV 등을 통해 새로운 방식으로 접근 하기 때문에 더욱 성장 가능성이 큰 시장입니다. 티커머스 전문 쇼핑호스트로 활동하는 사람들도 있으니, 제가 처음 시작할 때 보다 쇼핑호스트가 될 수 있는 환경이 더 열려있다고 볼 수 있을 것 같아요. 최근 2~3년 내에 많은 채널들이 생겼어요. 새로 나타난 티커머스 외에도 쇼핑호스트란 직업이 변형되고 발전해서 또 다른 분야에 쓰일지도 모르겠고요.

## Question 티커머스는 어느 정도 분량으로 녹화 하나요?

보통 모든 홈쇼핑에서 쇼핑호스트들은 한 번의 설명을 10분 정도로 합니다. 우리가 설명을 들을 때 집중할 수 있는 시간이 길지 않기 때문에, 짧은 시간 동안에 최대한 그 상품의 장점을 녹여서 다른 이가 이해할 수 있도록 정리해서 설명하거든요. 티커머스도 주요한 설명은 10분 이내로 짜이고, 거기에 부연 설명까지 더하면 짧게는 20분에서 길면 30분 정도의 콘텐츠를 만들어요. 그렇게 만들어진 콘텐츠를 라이브홈쇼핑처럼 TV 방송에 내보내기도 합니다. 티커머스는 TV 방송 화면 옆에 뜨는 데이터 영역에서 리모컨을 이용해 직접 상품을 찾아가서 구매할 수 있게 되어있어요. 그곳에 콘텐츠를 함께 올려놓아서, 궁금한 상품을 눌러봤을 때 영상을 바로바로 볼 수 있습니다. 보통 20분 정도로 구성되는 콘텐츠들은 라이브에 비하면 아주 짧은 시간이죠. 라이브 방송은 한 상품당 한 시간 정도이기 때문에 설명하는 방식을 다양하게 가져갈 수도 있고, 좀 더 다양한 이야기를 넣어서 구성할 수가 있어요. 순간순간 상황에 맞게 재치있는 애드리브를 할 수 있는 재미도 있고요. 반면 티커머스는 하나의 콘텐츠가 계속해서 반복 노출되다 보니까 간결하면서 기본에 충실한 방송을 하게 돼요.

## Question 개인적으로 라이브 방송과 티커머스 중 어느 곳이 더 잘 맞나요?

티커머스가 기본적으로 녹화 시스템이기 때문에 일정한 생활 리듬을 갖출 수 있어서 좋아요. 라이브 방송은 첫 방송, 마지막 방송 등 스케줄이 모두 달라 생활 리듬을 유지하는 것 자체가 힘들 수 있거든요. 바쁘기도 하고, 방송 시간도 1시간, 2시간으로 길고요. 그리고 정해진 시간에 방송을 해야 된다는 것 자체가 부담되는 경우도 있답니다.

▸ 티커머스 촬영 전 한 컷

티커머스는 정해져 있는 일과 내에서 녹화를 하고, 주말에는 쉴 수 있다 보니 다른 활동을 할 수 있는 시간이 좀 더 많아요. 어느 정도 스케줄 조성이 가능하니까 새로운 일들도 병행해서 할 수 있고요. 저 같은 경우는 현재 아나운서와 행사 MC로 여러 가지 일을 하고 있습니다. 라이브 홈쇼핑의 쇼핑호스트라면 라이브 방송에 모든 스케줄을 맞춰갈 수밖에 없어서 다른 일을 하기에 좀 힘든 부분은 있죠. 티커머스 쇼핑호스트는 생활 자체의 패턴이 예측 가능하고 정해진 일정이 있으니 자기 계발을 위해 더 투자하고, 다양한 것들을 경험하고, 좀 더 자기 영역을 확장할 수 있다고 해야 할까요? 그런 점이 저와 잘 맞는 것 같네요.

▶ 홈쇼핑 쇼핑호스트 시절

▶ 식품 판매 방송 중!

▶ 열정적으로 설명하는 모습

## Question 어떤 사람에게 쇼핑호스트라는 직업을 추천하고 싶은가요?

일단은 긍정적인 사람이요. 사람들 앞에 설 수 있는 사람은 좋은 이미지를 가지고 에너지, 활력을 불어넣어 줄 수 있어야 하거든요. 믿음을 줄 수 있는 사람인 것도 중요하죠. 쇼핑호스트가 되고 싶다면 긍정적이고, 밝고, 신뢰할 수 있는 이미지들을 갖추는 게 제일 중요하다고 생각합니다. 그리고 기본적으로 사람과 상품에 대한 관심이 많은 사람이면 더욱 좋을 것 같습니다. 사람과 상품에 대해 깊은 이해를 가진 사람들이 홈쇼핑 방송을 참 잘하거든요.

## Question 학창시절의 성적도 좋아야 하나요?

학창시절의 성적은 무의미한 것 같아요. 성적이 굉장히 중요한 영향을 미치는 분야가 있을 수 있어요. 시험을 보거나, 점수와 관련해 평가하는 분야 등이요. 하지만 저와 같이 방송하는 사람들에게 숫자는 크게 중요하지 않아요. 대신 그 사람이 얼마만큼 방송인으로서 자질이 있고 순발력이 있는지가 중요하죠. 이미지나 설득력, 개성, 안정감 등을 많이 보기 때문입니다. 물론 좋은 대학을 졸업하거나 좋은 성적을 가지고 있는 것이 사람을 판단하는 여러 요소 중 하나의 안경이 되어 영향을 끼칠 수는 있을 거예요. 하지만 더 중요한 것은 그 사람이 가지고 있는 본바탕입니다.

## Question 쇼핑호스트로서 발전하기 위해 어떤 노력을 하시나요?

가장 큰 노력은 경험이라고 생각해요. 스마트폰을 가장 잘 설명하기 위해서 그 스마트폰을 써보고, 카메라를 잘 판매하기 위해서 그 카메라를 사용해 보는 경험이요. 진솔한 경험이 있어야 상품에 대한 아이디어가 떠오르고, 이 상품의 진가가 뭔지를 알아낼 수 있어요. 더불어 자신만의 이야기도 만들어낼 수 있고요. 그래서 제일 중요한 건 대본에 쓰인 설명을 잘 읽는 것보다 직접 경험해보고 상품을 가까이서 만나는 거라고 생각합니다. 그게 가장 중요한 노력인 것 같아요.

▸ 제품 설명 촬영 중

## Question 실패했을 때 좌절하지 않는 힘은 무엇으로부터 오나요?

마음만 먹으면 할 수 있는 일이 있고, 하고 싶어도 못 하는 일이 있잖아요. 예를 들어 가수가 되고 싶다면 노래 부르는 사람이 되고 앨범도 만들 수도 있죠. 가수는 누구나 될 수 있어요. 그런데 성공한 가수나 경쟁에서 1등이 되어야 하는 것들은 마음만 가지고 되는 일이 아니죠. 피나는 노력이 필요하고 어느 정도 운도 따라줘야 합니다.

저는 그 명확한 목표를 너무 좁게 잡지 않았으면 좋겠다고 얘기하고 싶어요. 아카데미에서 강의를 하며 쇼핑호스트를 꿈꾸는 사람들을 수백 명의 사람들을 만나는데요, 그중에 시험에 합격해서 쇼핑호스트가 되는 사람은 현실적으로 5~10명 밖에 안 되죠. 많은 사람들이 그 결과에 좌절할 수밖에 없을 거예요. 그런데 쇼핑호스트나 아나운서가 되겠다는 좁은 목표보다는 방송을 하고 싶은지, 사람들을 향해 이야기를 전하고 싶은지, 아니면 사회에 영향력 있는 사람이 되고 싶은지 등 넓은 목표를 먼저 세우는 것이 훨씬 중요하다고 생각합니다. 그럼 길이 다양해지거든요.

▶ 최유석 쇼핑호스트

내가 하고 싶은 것이 무엇이며 그 이유는 왜인지에 스스로 생각하고 답을 얻는다면, 쇼핑호스트가 되기 위해 준비를 하다가 합격하지 못해도 좌절하지 않고 실패가 아니라 과정이라고 생각할 수 있으니까요. 나를 찾아가는 과정, 그리고 나를 성숙시키는 과정이요. 준비하며 배우고 얻은 것들이 스스로 성장할 수 있는 밑거름이 되고, 그를 통해서 다른 분야에서 더 잘 할 수 있을 거요. 다른 사람들은 할 수 없는 것도요.

저는 아나운서를 준비했었기 때문에 저만의 색깔이 있어서 쇼핑호스트가 된 것 같다고 생각해요. 아나운서의 신뢰감, 발성 등이 기존의 쇼핑호스트 지망생 특유의 것이 아니거든요. 표정이 다르고, 억양이 다르고, 표현하는 단어들이 달라서 색다르게 느껴졌기 때문에 전혀 다른 분야에서 경쟁력을 가질 수 있었습니다. 어느 곳이든 지금 서 있는 자리에서 최선을 다하고, 성장하는 게 중요하다고 생각해요. 늘 성공보다 성장을 꿈꾸다 보면 이전엔 생각하지 못했던 다른 분야에서도 꼭 성공할 수 있게 될 거에요.

## Question 쇼핑호스트로서 꿈꾸는 비전은 무엇인가요?

사람들에게 긍정적인 메시지를 던질 수 있는 사람이고 싶어요. 사람들에게 감동을 주고, 그들의 마음을 열 수 있는 스피치를 하는 강연자로서요. 많은 사람들을 직접 만나면서 제 스스로 만든 콘텐츠로 다른 이들에게 도움이 될 수 있는 메시지들을 들려주고, 보여주고 싶어요. 정말 뿌듯하겠죠? 맨 처음 아나운서가 되고 싶었던 이유도 아나운서라는 한 직종을 원했다기보다 따뜻한 방송을 하고 좋은 영향력을 끼치는 사람이 되고 싶었기 때문이거든요. 쇼핑호스트로 일하면서 얻은 여러 가지 기술적인 부분들과 새로운 시각을 통해 제가 하고 싶었던 것들을 할 수 있게 되지 않을까 싶어요.

## Question 쇼핑호스트를 꿈꾸는 청소년들에게 한마디!

쇼핑호스트는 엄격하고 절대적인 잣대가 있지 않아요. 어떻게 보면 굉장히 주관적일 수도 있고, 꼭 누가 누구보다 낫다고 할 수 없을 수도 있거든요. 한 사람이 가지고 있는 느낌, 말하는 태도, 설명하는 방식을 점수로 매기기는 쉽진 않아요. 그냥 나를 보여주면 돼요. 물론 그렇기 때문에 오히려 준비하는 사람들이 힘들어하기도 하죠. '내가 더 실력이 좋다고 생각하는데, 왜 저 사람이 됐을까?' 생각해 보아도 누구도 합격에 대해 정확한 예측을 할 수 없어요.

하지만 반대로 보면 누군가에겐 가능성이 될 수 있는 거죠. 나만의 색깔, 내가 가지고 있는 것들을 정확하게 보여주면 되는 거니까 일단 '과연 내가 자격이 될까? 내가 할 수 있을까?' 이런 막연한 두려움이나 고민을 갖지 마세요. 하고 싶은 마음이 있고 재밌을 것 같다는 생각이 들면 일단 해보면 될 것 같아요. 학원을 다니든 시험에 한 번 도전해 보는 것이든 뭐든지 시작하세요.

모든 사람은 쇼핑호스트가 될 수 있어요. 만약 지금 당장 하고 싶다면 유튜브에서 방송하면 되죠. 요즘 아프리카TV 같은 개인 미디어 채널이 많잖아요. 스스로 1인 미디어를 만들어

보는 것도 좋은 것 같아요. 열심히 하면 팬들도 생기고 진정성을 봐주는 사람들이 생길 수도 있고, 그걸 통해서 정말 새로운 뭔가를 할 수도 있거든요. 기존의 틀에 맞추기보다 정말 하고 싶은 것이 있다면 어떻게 할 수 있을지 더 근본적인 고민을 해보면 좋겠어요. 방법은 정말 많으니까요.

준비하고 도전하는 모든 과정에서 배우는 게 정말 많기 때문에 헛되지 않을 거예요. 요즘에는 기업에서도 프레젠테이션 등 사람들 앞에 서서 해야 하는 것들이 많아서 일반 학생들과 직장인들도 쇼핑호스트의 화법이나, 발표하고 설명하는 방법을 배우는 분이 많거든요. 효과적으로 잘 전달하기 위한 기술적 부분들이 있기 때문에 쇼핑호스트란 어떤 직업인지 배워보고, 경험해보고, 체험해보는 모든 것들이 다 도움이 될 거예요.

"'과연 내가 자격이 될까? 내가 할 수 있을까?' 이런 막연한 두려움이나 고민을 갖지 마세요. 하고 싶은 마음이 있고 재밌을 것 같다는 생각이 들면 일단 해보면 될 것 같아요. 학원을 다니든 시험에 한 번 도전해 보는 것이든 뭐든지 시작하세요."

# 쇼핑호스트에게 직접 묻는다

청소년들이 쇼핑호스트들에게
직접 물어보는 11가지 질문

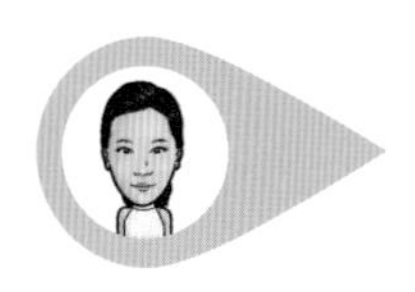

## 쇼핑호스트의 수입은 어떻게 되나요?

사람들이 쇼핑호스트는 고액 연봉자가 꽤 많다고 생각하지만 실제로 그렇지는 않아요. 오히려 처음에는 연봉이 적은 편이고요 저의 경우는 처음 쇼핑호스트로 입사할 때 입사 이전의 방송 경력 4~5년을 인정받아 연봉이 2,800만 원이었어요. 그다음 해에는 4,200만 원이 됐고, 이후엔 몇백만 원씩 올랐습니다. 예전엔 쇼핑호스트가 많지 않았기 때문에 연봉이 기하급수적으로 오르는 경우가 있었어요. 지금은 워낙에 공급도, 수요도 많기 때문에 그런 경우는 드물죠. 현재 16년차인 저의 연봉은 대기업 부장급 이상, 본부장, 상무 정도예요. 회사마다 기준이 다르긴 하지만요. 일반 직장인보다 많이 받는 것은 사실입니다. 하지만 그만큼 큰 책임감이 따르죠. 매 방송이 협력업체 입장에서는 직원의 월급과 가정의 생활을 결정하는 중요한 시간이거든요. 쇼핑호스트의 역할은 목표 성과 달성으로 끝나는 것이 아니라, 한 가정과 한 회사를 살리느냐 죽이느냐의 기로에 서 있기 때문에 돈을 많이 버는 직업이기도 하죠. 그저 화려하거나 쉽게 돈 버는 직업은 없다고 생각해요

## 쇼핑호스트, MD, PD는 팀을 이루어 작업하나요?

회사에는 쇼핑호스트팀, MD팀, PD팀으로 각각의 팀이 있어요. 그렇지만 쇼핑호스트라도 패션 상품을 주로 많이 하는 쇼핑호스트, 생활, 가전 방송을 많이 하는 쇼핑호스트, 식품 방송을 주로 하는 쇼핑호스트가 있는 것처럼 PD와 MD 역시 담당 카테고리가 나눠져 있습니다. 같은 카테고리를 주로 많이 하는 쇼핑호스트, MD, PD가 함께 얘기를 하고 조율 후에 상품을 선택하죠. 그렇다고 무조건 모든 걸 공유해서 함께 선택하는 방식은 아니고요.

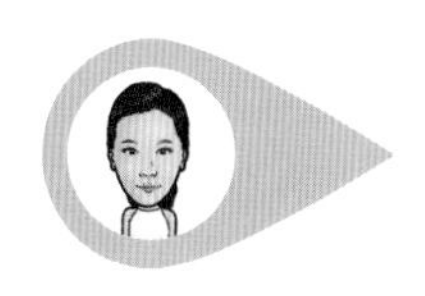

## 상품이 많이 팔리면 쇼핑호스트도 돈을 많이 받나요?

대부분의 홈쇼핑 채널은 그렇지 않습니다. 어떤 채널은 목표량보다 더 팔면 인센티브가 주어지는 곳도 있다고 해요. 하지만 제가 일하는 채널에서는 그 회 방송 성과에 따라 바로 적용되는 급여 인센티브는 없고  점수 채점이 됩니다. 실제로 방송마다 한 시간 동안에 4~5억 원 정도의 목표치가 있어요. 매출 목표 달성이 되면 100점의 점수를 받고, 목표치의 60%가 채워지면 60점의 점수를 받습니다. 그 점수가 쌓여서 나중에 연봉 재협상을할 때  영향을 주어 연봉 인상 결정이 되는 거지 매 방송 건마다 상품을 잘 팔아서 인센티브를 더 받는 건 아니에요.

## 공채 시험을 통과해야만 쇼핑호스트를 할 수 있나요?

공채를 통해 쇼핑호스트가 되는 경우가 훨씬 많긴 합니다. 그러나 쇼핑호스트 옆에서 서브로 함께 하면서 좀 더 정확한 상품의 정보를 알려주고 원활한 진행을 도와주기 위한 게스트는 공채 쇼핑호스트가 아니어도 할 수 있긴 해요. 그분들도 경력은 굉장히 다양합니다. 모델 출신, 방송인 출신, 세일즈 담당하는 영업사원 출신, 쇼핑호스트 학원 출신 등 다양하죠. 하지만 앞으로 점차 쇼핑호스트 아카데미를 다니며 입사하기는 쉽지 않을 거라 예상됩니다. 요즈음 공채로 입사하는 분들을 보면 다른 일을 하다가 퇴직하고 들어온 분들이 더 많아졌어요. 정확히 이 방법만이 답이다, 라는 가이드는 없지만요.

## 잘하는 쇼핑호스트가 방송을 더 많이 하나요?

어느 정도 회사에서 방송스케줄을 짜는데, 개인 역량에 따라 일정이 많은 사람이 있고 회사에서 챙겨주는 기본 일정만 나오는 사람이 있어요. 그 정도의 차이일 뿐이고, 어느 PD가 특정 쇼핑호스트를 선호한다는 이유로 그 사람에게 방송을 몰아준다거나 하지는 않습니다. 한 사람당 소화할 수 있는 스케줄이 한계가 있으니까요. 일정한 방송 개수가 넘어버리면 너무 힘드니까 일정한 한도를 지키면서 같이 일을 분배하는 식으로 이루어져요. 일상적으로 캐스팅 과정은 MD와 PD의 의견에 따라 이번 상품에는 어떤 쇼핑호스트가 어울릴지 정하면 쇼핑호스트 캐스팅이 되고 게스트 분배가 이루어지죠. 특정 쇼핑호스트의 일정이 넘치게 되면 다른 사람을 캐스팅하기도 합니다. 모든 회사가 다 똑같은 체제를 가지고 있는 것은 아니지만 큰 틀은 비슷합니다.

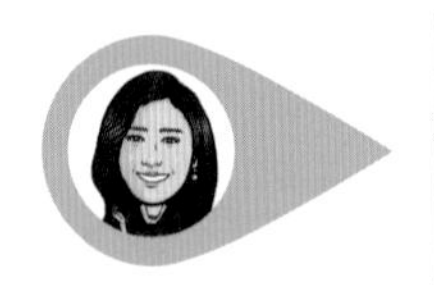

## 여러 홈쇼핑 채널에서 방송을 하기도 하나요?

연예인들은 MBC, KBS, 종합편성채널 등 여러 방송사에서 하는 프로그램에 출연할 수 있지만, 쇼핑호스트가 특정 회사에 소속되지 않고 여러 홈쇼핑 방송사를 옮겨 다니며 방송하는 경우는 아직은 없어요. 프리랜서라고 말하는 쇼핑호스트도 기본적으로 계약을 한 소속 회사는 존재해요.

그런데 앞으로 변화가 있을 거 같아요. 인기 있는 상품이 여러 채널에서 판매되는 것처럼 능력 있고, 소비자 신뢰도가 높은 쇼핑호스트들도 여러 채널에서 활동할 수 있을 듯합니다.

## 게스트나 모델은 어떤 과정을 거쳐서 홈쇼핑 방송에 참여하나요?

게스트의 경우는 홈쇼핑 회사에 소속되어 있지 않고, 상품을 가지고 오는 협력사 측에서 페이를 지불합니다. 따라서 협력사와 사전에 계약을 해서 데리고 오는 게스트가 대부분입니다.

모델은 각 홈쇼핑 회사마다 소속 모델이 있습니다. 그래서  모델이 오늘은 롯데홈쇼핑 방송에 나오고 내일은 GS홈쇼핑 방송에 나오는 식은 불가능하죠. 방송 채널을 옮기려면 회사를 그만두고 이직을 해야 합니다. 그리고 회사 소속 모델을 관리해주는 에이전시가 따로 있습니다. 에이전시를 통해 모델을 컨택하죠. 우리 회사 내의 에이전시가 가지고 있는 모델의 명단을 쇼핑호스트랑 PD, MD가 회의를 할 때 참고하기도 해요. 회의 때 특별한 얘기가 없으면 PD가 알아서 선택하는 경우도 있고요.

## 방송 편성은 누가 하나요?

회사 내에 편성팀이 있습니다. 하지만 편성팀이 있다고 해서 모든 상품을 적재적소에 넣기는 불가능하죠. 모두에게 공평하기가 어렵기 때문에 현실적으로 매출을 높이고 효율성 있게 방송을 잘하는 사람들에게 값어치 있는 시간대에 방송할 수 있도록 편성을 합니다. 매출을 잘 올리지 못하면 좋은 시간대에 편성을 못 받을 수 있는, 약간의 불운이 따를 수도 있어요.

## 타 회사나 업종으로 이직을 많이 하는 편인가요?

4~5년 전부터 타사로 이직하는 쇼핑호스트가 늘어나기 시작했어요. 그전에는 홈쇼핑 회사의 수 자체가 많지 않아 타사로 옮긴다는 게 쉬운 일은 아니었죠. 업계가 커지고 서로 경쟁이 되다 보니 경력과 실력이 있는 사람을 찾는 곳이 많아지고, 이직하는 일이 자연스러워졌어요. 아나운서의 경우와 비슷한데요, 예전 지상파 방송사만 존재하던 시절에는 이직이 자유롭지 못하다가 최근 종합 편성 채널이나 케이블 방송 등 업계가 커져 수요가 늘어나면서 아나운서들이 이직하는 빈도도 높아진 것처럼요.

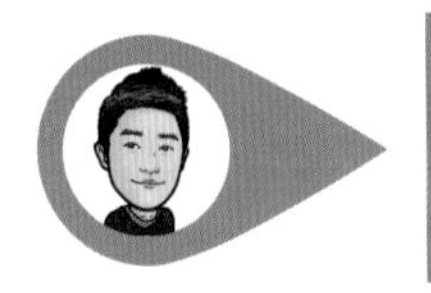

## 쇼핑호스트가 되기 위해 도움이 될 만한 취미생활이 있을까요?

취미는 어떤 것이든 도움이 될 것 같아요. 운동을 좋아하면 운동과 관련한 상품들에 관심을 가져보면 되죠. 운동 기구라던가 트레이닝복, 등산용품 등 다양한 상품이 있으니까요. 관심을 많이 쏟을 수록 자연스럽게 내가 자신 있는 분야가 됩니다. 쇼핑호스트가 되어서도 스스로 강점을 가지고 있는 분야의 방송을 하게 될 확률이 높죠. 쇼핑을 좋아하고 패션에 관심이 많다면 평소의 생각과 습관이 방송에 자연스럽게 녹아날 수 있고요.

## 전달력을 높이기 위한 자신만의 방법이 있나요?

스피치에 관한 책을 많이 읽어요. 스피치에 관한 책을 많이 읽다 보면 놀라운 점이 있는데, 우리 쇼핑호스트들이 주로 하는 제스처, 말하는 방법과 기술들이 거기에 다 있더라고요. 우리는 그냥 하는 건데 책은 이론화시킨 거죠. 여러 가지 스피치 기술들이 있는데, 바디랭귀지를 하는 것과 안 하는 것과의 차이라던가, 말을 할 때 어디에 강조를 하고 어떻게 강조할 것인가 등이 있어요. 강조할 부분 앞에서 잠깐 멈춘다든가, 악센트 이런 것들이요. 예를 들어 제스쳐 중에 상대방이 진심을 느낄 수 있도록 하려면 가슴에 손을 얹으며 '권해드리고 싶다'는 말을 하거나, 손을 양쪽으로 펼쳐 보이면서 "다른 것은 아무것도 들어가지 않았습니다. 오직 100% 딸기주스입니다." 이런 식으로 아무것도 없다는 걸 표현하기도 해요. 악수를 하는 것이 손에 아무 무기가 없다, 모든 걸 다 보여줄 수 있다는 의미가 있는 것처럼요. 각 쇼핑호스트의 기술들을 모아 '쇼핑호스트의 설득기법'을 책으로 써도 좋을 것 같다는 생각이 들어요.

# 쇼핑호스트, 소비자의 마음을 읽다

# 홈쇼핑의 역사와 에피소드

## 홈쇼핑은 어떻게 시작되었을까?

### 홈쇼핑의 시작

흔히 홈쇼핑이라 하면 TV나 인터넷 등 온라인상에서 상품을 구매하는 것을 떠올린다. 그러나 최초의 홈쇼핑은 오프라인에서부터 시작했는데, 미국의 몽고메리 워드사(Montgomery Ward &co.)가 1872년에 세계 최초로 우편을 통한 카탈로그 통신 판매업을 시작한 것이 시초가 되었다. 이는 상품에 대한 이미지와 정보를 전단지나 각종 인쇄매체에 실어 소비자에게 전달하고 이를 통해 상품을 구매할 수 있도록 하는 것으로 오늘날의 잡지와 비슷하다.

그 후, 1977년 미국 플로리다 주의 한 라디오 방송국에서 처음으로 상업적인 무점포 판매 방식의 방송을 시작한 것이 온라인 홈쇼핑의 시초이다. 그 당시 라디오 방송국은 광고비 지불 능력이 없는 광고주로부터 현금 대신 자동 깡통 따개를 받았는데, 방송국 운영자인 로이 스피어(Roy Speer)는 이를 처분하기 위해 라디오 방송 중에 깡통 따개를 판매하게 되었고 이는 몇 분 만에 매진되었다. 이 일을 계기로 방송을 통한 직접 판매의 가능성을 보게 된 로이 스피어는 로웰 팍슨(Lowell Paxon)과 함께 최초의 홈쇼핑 회사 HSN(Home Shopping Network)을 세우게 된다.

## 국내 TV홈쇼핑의 시작

국내 TV홈쇼핑의 시작은 1995년 홈쇼핑 텔레비전(HSTV)(현 CJ오쇼핑)과 하이쇼핑(현 GS SHOP)이었다. 곧이어 2001년 우리홈쇼핑(현 롯데홈쇼핑)과 농수산홈쇼핑(현 NS홈쇼핑)이 개국하였고, 조금 후에 연합홈쇼핑(현 현대홈쇼핑)이 개국하였다. 여기에 2012년 중소기업 제품의 판로 확대를 지원하기 위한 중소기업 전용 TV홈쇼핑인 홈앤쇼핑이 개국하였고, 2015년에는 공영홈쇼핑인 아임쇼핑이 개국하였다. 공영홈쇼핑이란 중소기업 제품을 지원하기 위한 홈쇼핑으로 중소기업 제품과 농축수산물의 비율을 50:50으로 고정 편성하고 있다. 이로써 국내에서는 현재 7대 TV홈쇼핑 채널이 운영 중이며 2012년부터 TV홈쇼핑과 유사한 10개의 T-커머스 홈쇼핑 사업자도 개국해 활성화되고 있다.

8월1일부터 쇼핑프로그램을 진행하게 될 「홈쇼핑텔레비전」의 쇼호스트들. <이진홍기자>

홈쇼핑 전문MC
「쇼호스트」 첫선

케이블TV「HS」 16명의 '꾼'선발
탤런트·연극배우·통역사등 경력다양
미국선 토크쇼MC에 버금가는 부와 인기

8월1일 시험방송에 들어갈 케이블TV 「홈쇼핑텔레비전」(HSTV)이 제1기 쇼호스트 16명을 뽑았다.
쇼호스트는 홈쇼핑TV의 상품판매 프로그램을 진행하는 전문MC. 우리나라에는 처음으로 소개되지만 미국에선 유명탤런트나 토크쇼 진행자 못지않은 인기와 부를 누리고 있는 신종직업이다.
지난 6월 8백여명의 지원자가운데 선발된 쇼호스트들은 현재 방송을 앞두고 홈쇼핑TV 전문컨설턴트인 키스 해모드씨(44)로부터 강도높은 교육을 받고 있다. 국내에서도 명성을 누릴수 있을지는 확실치 않지만 이들 쇼호스트들의 꿈은 원대하다.
스튜어디스, 탤런트, 성우, 연극배우, 리포터, 구성작가, 동시통역사 등 다양한 경력을 자랑하는 이들은 쇼호스트를 가장 전망있는 미래형 직업으로 꼽는데 주저하지 않는다.
북동케이블TV와 다솜방송에서 리포터로 일하다 쇼호스트로 선발된 유난희씨(30)는 「시청자를 설득해 구매행위로 유도해야 하기때문에 일반적인 MC나 광고모델보다 훨씬 부담이 크다. 한시간에 30개의 물건을 쉬지않고 설명해야 하기때문에 상품에 대한 공부를 많이 하고있는중」이라고 말했다.
쇼호스트가 되기 위해서는 여러가지 자질이 필요하다. 시청자들에게 상품의 특성과 장단점을 설명해줄 수 있는 정확한 가억력이 있어야하고 상대방의 심리를 읽는 능력과 연기력이 갖춰져야 한다.
특히 아무런 사전대본 없이 혼자 2~3시간 이상 생방송으로 진행해야 하기때문에 순발력이 필수적. 미국에서도 탤런트들이 쇼호스트로 나섰다가 실패한 경우가 많다.
당분간 고정급을 받게 되지만 궁극적으로 쇼호스트들의 출연료는 상품을 판매하는 능력에 따라 결정될 예정.
또하나의 홈쇼핑채널인 「하이쇼핑」도 쇼호스트와 같은 역할을 하는 「쇼핑호스트」 제1기 14명을 선발해 현재 교육중이다.
쇼호스트와 쇼핑호스트는 8월 시험방송시부터 투입되어 TV홈쇼핑의 개척자로 활약하게 된다.
<최소영기자>

▶ 국내 최초 쇼핑호스트 관련 기사

## 홈쇼핑의 과거와 현재

처음에는 한국에서 홈쇼핑 시장이 성공할 수 있을지 미지수였다. 당시의 한국 소비자들은 물건을 살 때 눈으로 보고 직접 만져본 뒤 구매하는 것에 익숙했기 때문이다. 그러나 인터넷과 스마트폰 기술의 급격한 발달로 온라인과 모바일 시장이 크게 성장했고, 소비자들의 라이프 스타일과 소비패턴 또한 오프라인 중심에서 온라인 중심으로 크게 변화하였다. 이로 인해 소비자는 상품을 직접 보고 구매하지 않아도 신뢰할 수 있을 정도의 자세한 상품의 설명, 이미지, 영상 등을 확인할 수 있게 되었고, 다른 소비자들의 경험을 통한 솔직한 구매 후기를 바탕으로 상품 구매를 결정하기 시작했다.

홈쇼핑분야가 거듭 발전함에 따라 시장 상황도 크게 달라졌다. 방송 첫해인 1995년, 홈쇼핑의 총매출액은 34억 원 규모였다. 그러나 현재 한국의 TV홈쇼핑 시장 규모는 9조 원을 훨씬 뛰어넘는다. 첫해에 비교하면 수천 배나 증가한 셈이다.

## 이런 상품도 홈쇼핑에서 판매했다고?

우리나라의 TV홈쇼핑은 유형, 무형 가리지 않고 다양한 상품을 판매해왔다. 그중에는 예상치 못한 많은 판매로 높은 수익을 올린 상품들과 '설마 이런 것까지 판매할까?' 싶은 특이한 상품들도 있었다.

### 시대별 홈쇼핑 히트상품

1995년 8월, 홈쇼핑 첫 방송 이후 초기 몇 년 동안은 숯불구이기, 적외선 오븐기, 자동차 코팅세트 등 주방용 가전제품들과 소소한 생활용품들이 히트상품의 주류를 이뤘다. 하지만 국민 대다수가 생활고에 시달렸던 1998년 IMF금융구제위기사태 이후에는 초보자도 쉽게 머리를 손질할 수 있는 전기 이발기, 집에서도 드라이클리닝을 할 수 있는 홈 드라이세트, 손을 대면 물이 나오고 떼면 자동으로 멈추는 전자센서 수도꼭지 등의 생활 속 절약형 제품이 큰 인기를 끌었다. 1999년과 2000년에는 김치냉장고, 에어컨, 컴퓨터 등의 고가의 가전제품이 많이 팔렸다.

▸ 1990년대 히트상품인 적외선 오븐기

이러한 홈쇼핑 초창기 인기상품들은 2000년도 이후로는 방송에서 잘 보이지 않게 된다. 대신 2000년 중반 이후에 등장한 제품들은 지금까지 인기를 누리고 있는데, 2000년대 후반부터 현재까지는 홈쇼핑 주 고객인 여성들의 관심을 끄는 패션 상품, 미용 상품들이 높은 판매순위를 기록하고 있다. 최근에는 쿡방, 먹방 등이 유행하면서 간편하게 조리할 수 있는 식품 판매량도 증가했다.

시장은 사람들의 요구를 반영한다. 특정 시기의 트렌드와 사람들의 생활 패턴 등을 유심히 살펴보면 어떤 상품이 잘 팔릴지, 앞으로 수요가 증가할 상품은 무엇일지 등을 예상해볼 수 있다.

참고문헌: 홈쇼핑투데이 2016년 5월 2일자

## 홈쇼핑 이색상품

### ❶ 사해 소금물

2003년 9월 10일, 현대홈쇼핑은 염분의 밀도가 매우 높아 사람이 뜰 수 있는 요르단 사해에서 떠온 물과 소금을 세트로 묶어 판매하기 시작했다. 효용가치가 높다고 알려진 사해 소금물은 1L 소금물 두 병과 사해 소금 250g 2개를 한 세트로 묶어 6만 4000원에 판매되었다.

### ❷ 이민상품

'새로운 미래를 설계하라'는 메시지와 함께 2003년 9월 4일, 처음으로 캐나다 마니토바주로의 이민상품이 판매된 적 있다. 기술취업이민, 비즈니스이민, 독립이민이 등 수백에서 수천만 원의 가격에 팔린 이민상품 덕에 홈쇼핑사는 하루 매출액이 수백억으로 치솟아 엄청난 화제가 됐었다. 그러나 이민으로 병역면제가 가능하다는 소개 멘트로 이민을 부추겨 이민상품 구매자 중 20~30대 청년층의 비율이 반 이상으로 확인되면서 방송통신위원회로부터 징계를 받아 판매가 중지됐다.

▸ 이민상품 방송 화면

### ❸ 애완견

1996년 6월 18일, 동아일보는 같은 해 7월 1일부터 홈쇼핑에서 애완견을 판매한다고 보도했다. 말티즈, 요크셔테리어, 푸들 등 20~70만 원대의 다양한 종의 애완견을 판매하고 혈통서와 애완견의 성별, 성격, 건강상태 등을 기록한 품질확인서를 보내주는 방식으로 수백만 마리가 TV홈쇼핑을 통해 판매되었다. 또한, 인터넷을 통한 애완동물 판매도 이루어졌다. 그러나 현재는 애완견을 비롯한 모든 애완동물은 홈쇼핑 판매 금지 품목에 올라있다.

### ❹ 보디가드

홈쇼핑에서 사설 경호 서비스 전문 업체를 통해 일종의 보디가드 서비스를 판매해 화제가 된 일도 있었다. 학교 폭력이나 스토킹 등의 개인 신변 보호, 각종 행사장 경호, 고가의 물건이나 귀중품을 안전하게 전달하고 보관할 수 있도록 돕는 경호상품 가격은 각각 125만 원으로 약 1억 9,000만 원에 상응하는 주문이 들어왔다. 상품을 구매한 소비자는 300여 명에 달하는 사설업체 남녀 경호원 중 원하는 사람을 선택할 수 있었고 교체도 가능했다. 보험 혜택은 물론 하루에 8시간씩 총 5회의 경호서비스를 받을 수 있었다.

### ❺ 납골당, 납골묘지

1999년 처음 등장한 납골당 판매는 2000년대 초반까지 인기를 끌었다. 화장 후 유골을 보관하는 납골당과 가족들 사망 후 함께 묻히는 납골묘지도 판매되었는데, 홈쇼핑을 통해 이를 구매할 시 고급 유골함과 위패, 사진 촬영권 등을 함께 증정하기도 했다. 더불어 수의도 함께 판매되었다. 납골당 가격은 개인형이 200만 원, 단체 납골묘는 1,200~3,000만 원으로 다양했다.

참고문헌: 홈쇼핑투데이 2016년 4월 4일자

## 홈쇼핑은 어떻게 달라져왔을까?

### 방송 구성의 변화

요즘 홈쇼핑을 보다 보면 심심치 않게 익숙한 연예인들이 등장하는 것을 볼 수 있다. 그리고 단순히 연예인이 함께 진행하는 홈쇼핑을 넘어 그들의 끼를 발산하고 소비자들에게 즐거움을 주고 있다.

초기 쇼핑호스트들은 재미보다 판매 상품 자체에 좀 더 집중하여 방송을 만들어 나갔다. 방송을 통해 시청자들의 관심과 흥미를 이끌어내는 것 모두 쇼핑호스트의 역할이었다. 그러나 방송의 트렌드도 바뀌었다. 단순히 게스트로 홈쇼핑에 등장했던 연예인들은 자신의 이름을 내걸고 상품을 판매하기도 하며 패션 디자이너, 요리사 등 다른 직군과 협업하여 방송을 만들어 나간다.

TV홈쇼핑에서 소비자는 곧 시청자다. 이들이 딱딱한 상품설명보다는, 채널을 돌리다 우연히 멈출수 있는 재밌는 쇼 프로그램과 같은 자연스러운 방송을 선호하면서 40~50대의 아줌마들만의 채널이라는 편견을 깨고 다양한 연령을 아우르는 프로그램으로 자리잡아가고 있다.

▸ 징형돈의 도니도니 돈까스 방송 촬영

## 유통의 변화

대한민국 홈쇼핑 시장이 매년 빠른 속도로 성장해올 수 있었던 중요한 이유는 바로 전 세계에서도 손꼽히는 우리나라 홈쇼핑 특유의 정확하고 빠른 물류 및 배송 서비스 때문이다. 현재는 휴대폰 애플리케이션을 통해 주문한 상품이 어디쯤 오고 있는지 정확한 시간과 장소를 확인할 수도 있다.

▸ 물류 및 배송 서비스 시스템

미래 산업 기술 중 하나인 드론과 인공지능의 발달로 기존에 택배기사가 직접 방문하여 물건을 배달하는 시스템에서 이제는 로봇이 자동으로 물류와 배송까지 처리할 수 있도록 기술이 발전했다. 머지않은 미래에는 드론이 택배를 배달하는 것이 당연시될 날이 올지도 모를 일이다.

## 플랫폼의 변화

초창기 홈쇼핑 서비스는 카탈로그와 TV, 전화로 상품을 판매하는 텔레마케팅 서비스 형태였지만, 약 20년이 지난 현재는 내가 원하는 상품을 원할 때 찾아보고 원하는 방식으로 구입할 수 있게 되었다. 가장 대표적인 것 중 하나가 모바일서비스이다. 스마트폰이 개발되고 사용빈도가 높아지면서 각종 서비스와 쇼핑관련 업체들은 연이어 모바일 애플리케이션을 출시하기 시작했다. 방송시간에 맞추어 TV가 있어야만 상품을 구매할 수 있는 것이 아닌, 이동하면서 혹은 해외에서도 언제든 원하는 상품을 선택할 수 있게 된 것이다. 애플리케이션만 설치하면 이미 방송이 끝난 상품도 같은 구성으로 구매가 가능하고, 실시간 생방송 영상 역시 시청할 수 있다. 이를 엠커머스(Mobile Commerce)라 한다. 무선인터넷 기술의 발전이 있었기에 가능할 수 있는 일이다.

▸ 스마트 애플리케이션과 연동

또한, 요즘은 홈쇼핑 방송을 보면서 실시간으로 방송 중인 쇼핑호스트와 소통할 수도 있다. 기존에 상품을 써봤던 고객들, 처음 구매하는 고객 모두 애플리케이션을 이용하여 메시지를 전달하면 TV 방송화면에도 나타나고 쇼핑호스트는 이를 읽고 대답해준다. 소비자는 궁금한 점을 바로 해소할 수 있고 연예인이나 유명 쇼핑호스트와의 대화를 통해 상품에 대한 신뢰도가 올라간다.

엠커머스가 있다면 티커머스(Television Commerce)도 있다. 티커머스는 소비자가 리모콘을 이용하여 원하는 상품방송을 원하는 때에 시청하고 구매를 결정할 수 있다. 바쁜 현대인들에게 엠커머스와 티커머스는 중요한 서비스로 자리매김하고 있다.

이제는 옴니채널의 시대라고 한다. '모든 것'을 의미하는 옴니(Omni)와의 합성어인 옴니채널은, 소비자가 온라인이나 오프라인, 모바일 중 하나가 아닌 모든 경로를 넘나들며 언제 어디서든 상품을 검색하고 구매할 수 있는 쇼핑체계이다. 최근 모바일로 마음에 드는 상품과 가격을 검색한 후 매장에 찾아가 직접 확인한 후 장바구니에 담아뒀던 상품을 다시 모바일로 구매하거나, 매장에서 확인한 상품을 티커머스에서 검색하여 더 좋은 구성과 가격으로 구매하는 소비자들이 생겨나면서 온라인, 오프라인, 모바일 시장이 고루 발전하고 소비자에게 보다 더 편리한 접근성을 제공하고 있다. 자신에게 맞는 서비스를 선택할 수 있는 시대, 더욱 현명한 쇼핑이 가능한 시대에 우리는 살아가고 있다.

▶ 티커머스 방송 촬영 준비중인 최유석 쇼핑호스트

# 홈쇼핑 회사의 업무 흐름도

소비자가 상품을 구매할 수 있는 홈쇼핑 방송이 만들어지려면 어떤 과정을 거쳐야 할까?

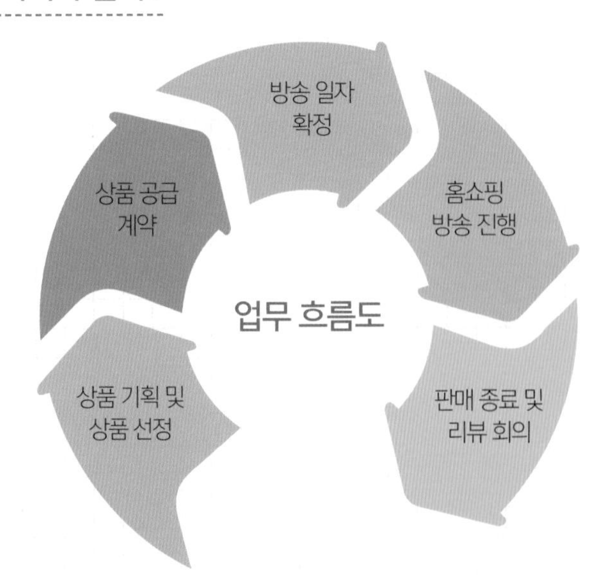

### ❶ 홈쇼핑 상품 기획 및 선정

쇼핑 방송을 통해 상품을 판매하기 위해서 가장 첫 번째로 이루어져야 하는 것은 상품을 기획하고 선정하는 것이다. 이 업무는 주로 MD가 관리하게 되며, 시장 환경 분석과 업계 동향 조사를 통해 훌륭한 상품으로 판단된 상품을 점검하고 최적의 협력업체를 모색하여 신규상품을 개발하게 된다. 기존 진행 중인 상품을 트렌드에 맞게 재구성하기도 한다.

상품을 선정하기 위해서 시장조사를 나가거나 현재 판매되고 있는 상품이라면 소비자의 반응은 어떤지, 판매량은 어떤지 등의 다양한 정보를 수집한다. 이를 통해 상품의 특장점을 파악하고, 판매상품으로 적합한지 판단하기 위해 인증서 및 특허자료를 꼼꼼히 확인하는 것도 필요하다.

### ❷ 상품공급계약 및 회의

상품을 선정한 후엔 원활한 상품 공급을 통해 판매에 차질이 생기지 않도록 협력사와 협의하여 계약서를 작성한다. 이때 법제 및 공정거래 관련 업무를 담당하는 회사 내 법무팀과 재무, 회계, 자금 등을 관리하는 재경팀의 기준을 바탕으로 구체적인 계약 사항을 조정한다.

그 후, 상품에 대한 회의를 진행한다. 철저한 상품 분석을 통해 MD가 상품에 대해 설명하고 쇼핑호스트는 어떤 표현과 제스쳐로 상품을 잘 설명할 수 있을지, PD는 이 상품의 장점을 기술적으로 강조할 것인지 등을 고민하고 방송컨셉, 소품, 연출방법 등을 공유하여 세부적인 판매 계획을 세운다. 경영팀, 방송팀 등은 이에 필요한 자료와 소품을 준비한다.

### ❸ 방송 일자 확정

상품 방송을 준비하기 위해 짧으면 3~6개월, 신규상품의 경우 1년 이상의 기간이 소요된다. 편성 역시 상품군에 따라 방송에 적정한 시간, 요일 등을 고려하는 것이 중요하며, 편성팀에서 이를 담당한다.

방송 일자가 확정되면 본격적으로 판매 상품을 준비하는데, 샘플 상품을 바탕으로 품질검사를 진행한 후에 홈쇼핑 물류창고로 상품이 입고된다.

### ❹ 홈쇼핑 방송 진행

방송 시작 1시간 전에는 업체 사람들과 MD, PD, 쇼핑호스트 등 방송을 진행하는 사람들이 모여 전략회의를 한다. 홈쇼핑은 대부분 생방송으로 진행되기 때문에 철저한 사전준비는 필수이며, 이때 판매상품과 방송 전반에 대해 최종적으로 논의와 점검이 이루어진다.

방송이 시작되면 분야별 담당 스텝들이 방송의 제작 및 송출을 하게 되며 쇼핑호스트, PD, MD 모두 각자의 위치에서 최고의 방송 및 매출을 만들어 내기 위해 최선을 다한다.

### ❺ 판매종료 및 사후미팅

홈쇼핑 생방송의 경우 모니터를 통해 실시간으로 판매량, 전화 연결 현황 등을 확인할 수 있는데, 이를 바탕으로 고객의 반응을 살피고 필요한 경우 새로운 연출을 시도하기도 한다.

방송이 끝나면 분야별 스텝과 향후 운영방안 등을 논의하는 사후미팅(리뷰회의)을 진행한다. 상품을 한 번만 방송하고 끝나는 것이 아니기 때문에 사후미팅은 매우 중요하며, 이를 통해 더욱 바람직한 방향으로 발전하는 홈쇼핑 방송체계를 구축할 수 있다.

# 홈쇼핑 방송을 만드는 사람들

## 홈쇼핑 방송은 누가 만들까?

홈쇼핑 회사에는 100가지가 넘는 직무가 있다. 부서와 직무는 회사마다 조금씩 차이가 있지만, 전반적으로 운영되는 형태는 비슷하나. 쇼핑호스트와 함께 상품판매를 준비하고 방송을 만들어 나가는 사람들은 누구일까?

### · MD

MD는 'Merchandiser'의 약자로 '상품기획전문가'라고도 한다. 소비자가 원하는 상품이 무엇인지 파악하고 상품 판매를 돕는 MD는 소비자의 구매 패턴과 소비유형을 파악하여 시장성을 가질 수 있는 물품을 선택하고 판매 가능성에 따라 물품을 선정한다. 이를 위해서는 시장 환경을 꼼꼼히 분석하고 상품에 대한 다양하고 풍부한 지식이 있어야 하며, 상품 출시 외에도 직접 구매 및 판매, 상품 개발, 컨셉 개발 등 상품 판매 흐름의 전 과정을 총괄하는 일을 수행한다.

### 적성 및 흥미 Check !

상품기획전문가는 소비자의 구매심리를 꿰뚫어 보고 욕구를 평가 분석하여 새로운 기회를 발굴하는 일을 수행하기 때문에 늘 새로운 것에 대한 탐구적 자세와 흥미를 갖고 있어야 한다. 또한 기본적으로 조사 및 분석 능력과 아이디어 창출력도 있어야 하며, 자신의 생각을 논리적으로 잘 표현하고 이를 타인에게 전달할 수 있는 의사소통능력, 설득력도 갖추어야 한다. 상품의 기획에서부터 유통의 전반에 이르는 과정을 총괄하기 때문에 각 부문의 전문가 및 사무직원들과 원만히 관계를 유지할 수 있도록 친화력, 대인관계 능력, 협상 능력 등도 뛰어나야 한다. 뿐만 아니라 외국 바이어와 상대할 기회도 많으므로 이들과 대화를 할 수 있는 외국어 능력도 갖출 필요가 있다.

### · PD

PD는 producer의 약자로 많이 알려져 있지만 더욱 정확한 용어는 'Program Director'라고 할 수 있다. 또는 '방송연출가'라고 한다. PD는 텔레비전 또는 라디오 프로그램을 제작하기 위해 기획, 제작, 편집 등 다양한 제작과정을 총괄하며 함께 방송을 만들어나가는 사람들의 활동을 조정한다. 다양한 분야의 PD 중에서도 특히 홈쇼핑 PD는 어떻게 하면 상품이 더 멋져 보일지, 사람들의 이목을 끌지 등을 연구하여 방송을 풍성하게 만드는 데 중요한 역할을 수행하게 된다.

### 적성 및 흥미 Check !

방송이나 영화, 연극 등은 혼자 만드는 것이 아니므로 감독 및 연출자는 많은 제작진(스태프)과 함께 작업할 수 있는 커뮤니케이션 능력과 대인관계 능력이 필요하며, 이들을 관리하고 통솔할 수 있는 리더십, 추진력 등이 요구된다. 사회, 문화, 예술, 시사 등 다양한 방면에 대한 이해와 소질이 있어야 하며, 특히 영상 예술에 대한 관심과 재능이 있는 사람에게 적합하다. 항상 새로운 작품을 창조할 수 있는 풍부한 상상력과 창의력도 요구된다.

### · 모델

일반적으로 모델은 상품선전이나 예술 활동을 위해 광고나 패션쇼 등에서 주로 활동하는데 홈쇼핑 모델은 표현하고자 하는 제품이나 분위기에 맞는 연기와 표현력이 필요하며 쇼핑호스트, PD와의 호흡도 중요하다. 홈쇼핑이 거의 모든 분야의 상품을 다루기 때문에 패션모델, 운동모델, 뷰티모델 등 다양한 범위에서 활동할 수 있다.

#### 적성 및 흥미 Check !

다양한 배역을 소화할 수 있어야 하고 열정, 끼, 사람들 앞에서 당당할 수 있는 자신감과 개성이 필요하다. 평소 자기관리는 물론이고 홈쇼핑 모델 역시 상품에 대한 정보나 사용법 등을 잘 익히고 다룰 줄 아는 것이 필요하다.

### · 방송기술

방송기술은 방송을 제작하고 송출하기 위한 직무로 이루어져 있으며 방송영상물의 제작을 담당한다. 촬영, 음향 및 녹음, 기술, 편집, 조명 등의 세부 직무가 있으며 촬영부터 카메라로 촬영된 영상에 각종 음향과 효과를 입히고 편집 및 재구성하는 과정을 통해 시청자들에게 좋은 방송을 송출할 수 있도록 노력한다.

#### 적성 및 흥미 Check !

각자의 분야에서 책임감과 리더십을 가지고 업무를 수행할 수 있어야 한다. 방송기술팀은 서로의 호흡과 방송기술 측면의 다양하고 정확한 이해가 뒷받침되어야만 좋은 호흡을 만들어 내며 방송영상물을 제작할 수 있다.

### · 영업지원

영업지원은 목표를 기획 및 관리하고 다양한 데이터를 수집하여 원활한 영업활동을 수행하기 위한 직무로 이루어져 있다. 상품들을 최적의 시간에 방송 및 판매하여 최대 효율을 만들어낼 수 있도록 방송 편성을 관리하는 편성업무와 시장을 분석해 상품을 구입할 수 있도록 이미지와 브랜드를 관리하는 마케팅 업무 등 영업활동에 관련된 관리업무들이 이 직무군에 속한다.

#### 적성 및 흥미 Check !

홈쇼핑사의 영업지원 직무는 그동안의 매출이나 판매량 등을 꼼꼼하게 분석하고 새로운 목표를 세워 그에 맞는 프로세스를 만들어나가는 업무를 수행하는 만큼 꼼꼼함과 예리함 등의 역량이 필요하다. 또한, 다양한 홈쇼핑사들 가운데서 어떤 전략과 매력을 가지고 갈 것인가에 대한 고민도 요구되기 때문에 역시 트렌드에 민감해야 한다.

### · 해외사업

해외사업팀은 해외의 시장을 조사하고 진출할 상품에 대한 꼼꼼한 검토를 통해 시장 개척을 위해 노력한다. 각 국가마다 다른 생활패턴과 문화, 소비성향 등을 면밀히 분석하여 현지에 맞는 상품의 수출 및 판매가 이루어진다. 국내 상품을 수출하기도 하지만 현지의 시장과 거래하여 진행되는 경우도 있으며 서로의 시스템을 이해하기 위한 커뮤니케이션 능력과 언어능력이 요구된다.

#### 적성 및 흥미 Check !

새로운 시장을 개척하는 업무를 수행하는 만큼 추진력과 기획 능력이 필요하고 평소 다른 나라의 문화에 관심이 많은 사람이 보다 재미있게 일할 수 있다. 더불어 외국어 능력은 필수적으로 갖추어야 할 역량이다.

[출처 : 한국직업정보시스템]

# 매력적인 설득의 비밀

## 어떻게 하면 더 정확히, 진심을 담아서 전달할 수 있을까?

### 자신의 생각을 탄탄히 정리하는 방법

#### ❶ 만다라트

만다라트란, '목적을 달성하는 기술'을 뜻하는 말로 아이디어를 모으고 생각을 확장하는 도구로 사용한다. 홈쇼핑 방송에서 구체적이고 다양한 설명을 전달하기 위해서는 상품에 대한 꼼꼼한 연구와 이해가 필요하다. 판매해보고 싶은 상품을 선택해보고 이 상품의 특징과 장 · 단점을 적고 좋은 점은 어떻게 부각하는 것이 좋을지, 부족한 점은 어떻게 보완하는 것이 좋을지 생각해보자.

| | | | | | | | | |
|---|---|---|---|---|---|---|---|---|
| | A | | | B | | | C | |
| | | | | | | | | |
| | | | A | B | C | | | |
| | H | | H | **상품** | D | | D | |
| | | | G | F | E | | | |
| | | | | | | | | |
| | G | | | F | | | E | |
| | | | | | | | | |

1. 중앙에 상품을 적는다. (예: 침대)
2. 상품을 둘러싼 A~H칸에 상품과 관련한 특징이나 특성 또는 연관된 단어를 적는다.
   (예: 숙면 / 침실 / 매트리스 / 디자인 / 밤 / 휴식 / 가격 / 가치 등)
3. A~H칸에 적은 각 특징이나 특성 또는 연관된 단어를 한 번 더 확장하여 그와 관련한 장점 (타 상품보다 우월한 점) 및 단점을 적는다.

- 상품예시 : 유리잔세트, 화장지, 트레이닝복, 피부미용 팩, 침대 매트리스, 잠옷, 여행상품 등
  상황에 따라 상품 뿐 아니라 어떤 주제라도 만다라트를 적용하여 생각을 확장할 수 있다.

## ❷ SWOT 분석

SWOT 분석이란, Strength(강점), Weakness(약점), Opportunity(기회), Threat(위협)의 4가지 요인별로 대상을 분석하고 전략을 세우는 방법으로 다양한 곳에서 쓰이고 있다. 홈쇼핑 방송 시, 쇼핑호스트의 사전 준비 정도에 따라 판매 결과에도 영향을 미칠 수 있기 때문에 상품에 대한 꼼꼼한 분석과 이해는 필수적이다.

판매해보고 싶은 상품을 선택한 뒤, 해당 상품의 강점과 약점, 판매하기에 적절한 환경적 이유 및 위험요소 파악을 통해 전문가가 되어보자.

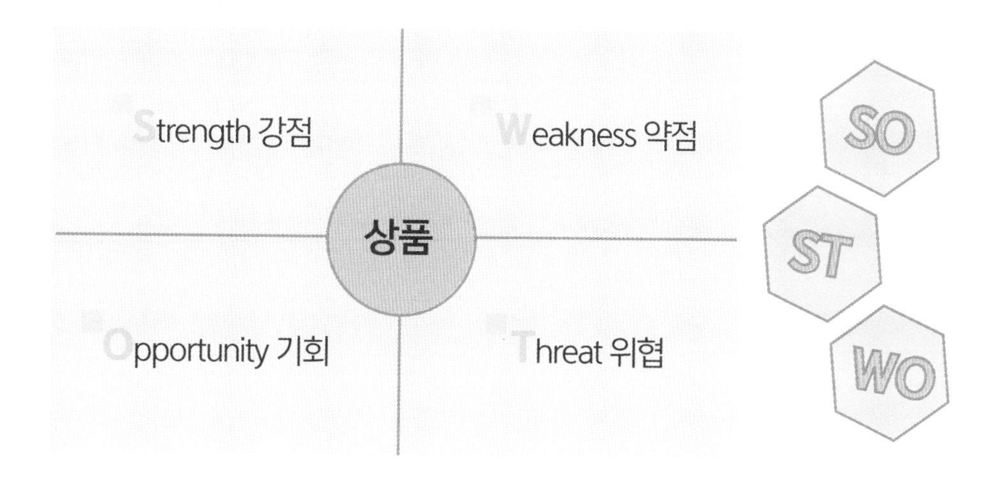


[예시: 침대 메트리스]

- S (강점): 크기와 강도를 선택할 수 있다. / 편안한 잠자리를 제공한다. / 프레임 없이 단독으로 사용할 수 있다.
- W (약점): 혼자서 옮기기가 쉽지 않다. / 세탁이 어렵다. / 크기 및 기능에 따라 가격차이가 크다.
- O (기회): 1인 가구가 늘어남에 따라 좁은 공간을 효과적으로 사용할 수 있다. / 이사가 잦은 현대사회에 용이하게 활용될 수 있다.
- T (위협): 편안한 잠자리 제공을 위한 새로운 제품들이 출시되고 있다. / 홈쇼핑 특성상 매트리스에 직접 누워볼 수 없어 구매가 주저되거나 반품률이 높을 수 있다.

- SO전략 (강점과 기회를 부각시키는 전략):

  1인 가구의 기호를 충족시킬 수 있는 다양한 옵션을 부각시킨다.

- ST전략 (강점을 부각시키면서 위험 요인을 보완하는 전략):

  매트리스를 사용해볼 수 있는 체험 기간과 무료 반품 서비스를 제공한다.

- WO전략 (약점을 보완하고 기회를 활용하는 전략):

  정기적인 관리 시스템(살균)을 제공하고 1인용 매트리스의 경우보다 큰 할인율을 적용한다.

## 타인과 공감하고 의견을 잘 전달하는 방법

스피치(speech)란 연설, 말투 등의 언어능력을 일컫는 말이다. 그러나 언어뿐 아니라 표정이나 제스처 등의 비언어적 요소가 함께 결합될 때 말은 힘이 실리고 보다 효과적으로 내용을 전달할 수 있다.

### ❶ 좋은 첫인상 만들기- 미소

잘 모르는 사람을 처음 봤을 때 느껴지는 분위기인 첫인상을 좌지우지하는 것 중 하나가 바로 '미소'이다. 찡그리거나 무뚝뚝한 표정보다는 밝게 미소 짓는 얼굴을 가진 사람에게 더 호감이 간다. 거울을 보고 자연스러운 미소를 가질 수 있도록 연습해보자. 처음이 모든 것을 결정한다고 해도 과언이 아니다.

### ❷ 신뢰감 있는 이미지 만들기 – 목소리

쇼핑호스트는 친근하고 호감 가는 인상도 중요하지만, 상품을 설명하며 판매하기 때문에 신뢰감을 가지는 것 또한 매우 중요하다. 목소리에 힘이 있고 듣기에 편안한 중저음 목소리가 안정적이고 신뢰와 호감을 이끌어내기 때문에 발성과 호흡법을 연습하는

것이 필수적이다.

평소 운동을 통해 폐활량을 늘리고, 복식호흡을 할 수 있도록 목이 아닌 배에 힘을 주고 발성을 하는 것이 중요하다. 특히 쇼핑호스트는 하루에도 몇 번씩 방송을 하는 경우가 많기 때문에 발성을 제대로 하지 않으면 목에 무리가 가기 쉽다. 좋은 소리를 가진 아나운서와 쇼핑호스트의 말에 귀 기울여 보자.

### ❸ 즐거운 대화 만들기 – 흥미, 경청, 진정성

홈쇼핑을 보면 쇼핑호스트가 일방적으로 이야기를 하는 것 같지만 대화를 하는 느낌을 주는 쇼핑호스트도 많이 있다. 질문을 하거나 유머러스한 멘트를 덧붙여 시청자들의 관심과 눈길을 끌기도 한다. 소비자 역시 쇼핑호스트 간의 대화가 자연스럽고 즐거울 때 시선이 간다. 이처럼 대화를 이끌어 나가는 방식도 매우 중요하다. 이를 위해 중요한 요소 세 가지를 소개하고자 한다.

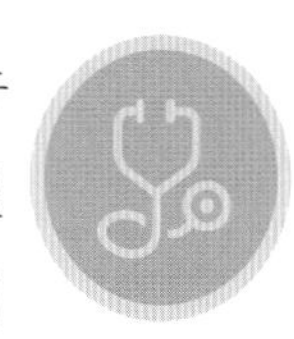

첫 번째는 '흥미'이다. 시청자 혹은 소비자가 채널을 돌리다 우연히 방송을 볼 수는 있어도 상품이나 방송 진행에 흥미를 느끼지 않으면 이내 채널은 돌아간다. 조금 더 궁금하고 들어보고 싶은 요소들을 파악하여 선보이는 것이 필요하다.

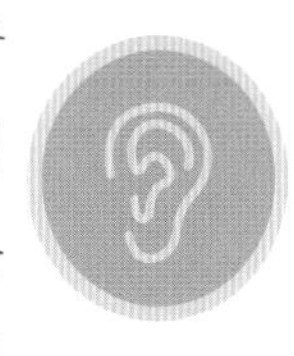

두 번째는 '경청'하는 자세이다. 이는 홈쇼핑 방송뿐 아니라 어디서든 중요한 태도이다. 쇼핑호스트와 시청자가 직접 만나지는 않지만, 문자메시지나 상품평 등을 통해 소비자의 소리에 귀 기울이는 태도, 함께 방송을 진행하는 사람들 간의 경청하고 존중하는 태도는 소비자의 마음을 움직이게 한다.

세 번째는 '진정성'이다. 상품을 판매하는 사람이지만 만일 쇼핑호스트가 판매와 수익만을 생각하고 방송에 임한다면 그 진정성이 느껴지지 않아 신뢰도 역시 떨어질 수 있다. 상품을 직접 사용해보고 소비자의 입장에 공감하며 진정으로 마음을 다해 준비한 상품이라는 것을 설명한다면 좋은 결과는 따라오지 않을까?

이 밖에도 방송 상품이나 주요 고객층에 따라 말투나 단어 사용을 조금씩 달리하는 등 끊임없는 연습과 경험이 필요하다. 실제로 쇼핑호스트들은 방송을 준비하며 이러한 스피치의 기술들을 공부하고 연구하고 있다.

# 생생 경험담 인터뷰 후기

'글재주도 없는 이과생 출신인 내가 과연 책을 쓸 수 있을까?'

이런 자신감 없는 생각을 밀어버릴 수 있었던 이유가 있다. 이 책은 인터뷰로 구성된 내용이 실리고, 이를 위해서 나는 직접 인터뷰를 해야 했기 때문이다. 왜 인터뷰였을까?

사람은 누구나 자신의 이야기를 하고 싶은 욕구가 있다. 그리고 나 역시 먼 훗날 나의 소소한 이야기를 실은 책을 내고 싶은 꿈도 가지고 있다. 대학생 시절, 기자단 활동을 하면서 다른 사람의 경험을 듣는 것만큼 훌륭한 공부는 없다는 것을 느꼈기에 주저 없이 인터뷰라는 매력적인 방식을 선택했다.

이 책은 청소년을 비롯한 많은 사람에게 쇼핑호스트와 관련된 정보를 전달하고, 도움을 주고자 쓰였다. 그러나 책을 마무리하는 지금, 돌아보니 가장 큰 수혜자는 나 자신이라는 것을 알게 됐다. 인터뷰를 하며 친근하고 인간적인 권미란 쇼핑호스트, 박창우 쇼핑호스트, 유형석 쇼핑호스트, 이도현 쇼핑호스트, 정선혜 쇼핑호스트, 최유석 쇼핑호스트를 알게 됐고, 그들의 삶을 통해 내 삶을 비춰볼 수 있었다. 생소한 분야를 들여다볼 수 있었고, 무엇보다 진로를 고민하는 청소년들에게 조금이나마 도움이 될 수 있다는 것이 짜릿한 기쁨이다.

"청소년들에게 좋은 친구이자 멘토가 될 수 있도록 새로운 길을 만들어주신 여섯 분의 쇼핑호스트와 도움을 주신 모든 분에게 진심으로 사랑을 전합니다."

▸ 박창우 쇼핑호스트와 함께

▸ 최유석 쇼핑호스트와 함께